知境

一本"专注且有趣"的生态环境读本

张树人 主编

U0390950

红旗出版社

红旗出版社
RED FLAG PRESS
推动进步的力量

图书在版编目(CIP)数据

知境：发现中国乡村水环境之美 / 张树人编著.
—北京：红旗出版社，2020.5
    ISBN 978-7-5051-5204-5

    Ⅰ．①知… Ⅱ．①张… Ⅲ．①农村－水环境－综合治
理－中国－通俗读物 Ⅳ．①X143-49

    中国版本图书馆CIP数据核字 (2020) 第082616号

书　　　名　知境：发现中国乡村水环境之美
编　　　者　张树人
出 品 人　唐中祥
总 监 制　褚定华
责任编辑　廖晓文　　　　　　　封面设计　恩维联合环境
责任校对　白晓宇　　　　　　　印　　制　李先珍
出版发行　红旗出版社　　　　　地　　址　北京市沙滩北街2号
邮政编码　100727　　　　　　　编 辑 部　010-51631925
发 行 部　010-57270296
印　　刷　炫彩(天津)印刷有限责任公司
开　　本　787毫米×1092毫米　1/16
字　　数　89千字　　　　　　　印　　张　13
版　　次　2020年6月第1版　　　2020年6月第1次印刷
ISBN 978-7-5051-5204-5　　　　定　　价　168.00元

欢迎品牌畅销书项目合作　　　　联系电话：010-57274627

知境

卷首语
Foreword

文 / 张树人

"久等了。"

《知境》在过去的一段时间，像一条无形的线，链接了很多人与场景。

以"美丽乡村水环境"为特集，这个主题在内容团队的呼声一直很高，我们也预计，这样一期应该是能让《知境》共创者有更多共鸣与轻松的议题。

《知境》之名，源于对"知"的理解。知，古同"智"，有晓得、使知道、学问学识等意义，最终回归我们对环境文化创作的初心，当下时代，环境需要让更多人了解、靠近。MOOK的名字很快就确定了。

将"美丽乡村"与"水环境"放在一起，必然是对"乡村美好生活的向往"。"早上起来听见鸟叫，到河边散步看到鱼儿在绿水中游，吃的都是新鲜健康的蔬菜，交通基础设施便利，农村不只是城里人度假的地方，农村也有农村的生活。"这期《知境》美丽乡村水环境特集中有位受访者大致是这么说的。

没错，整体上而言，每一位受访者孩提时的乡村记忆，在新的时代、新的行为下，开始有了新的印迹。我们期望通过《知境》能够给大家提供一些超预期的内容。

面对碎片化时代，我们仍然坚定做好一本属于环境界的MOOK，不断地记录、沉淀、迭代并衍进，做到信息量充沛的同时，可以将源生力、策划力、内容力、设计力实现融通，使得《知境》每一期如同自然界的开花结果，实现新的结束，也会获得新的开始。

期望《知境》这一期特集中的受访者能给读者带去"专注且有趣的生态环境读本"的快乐。同时，因为这段难得的共创经历，得以近距离接触多位仰慕已久的博学者，并有幸于点滴交谈之中，经常让我有与君一席谈胜读十年书的感触与感叹。

如果本特集能够成为你去美丽乡村关注水环境的契机，并且能使你的乡村时光更加愉快、深入且广阔，我们将不胜欢喜。

"久等了，我们乡村见。"

知境

一本"专注且有趣"的生态环境读本
追求环境优质内容共创的首选

主编
张树人

主编助理
大宙

策划编辑
左月 老木

艺术指导
张树人 大王

编辑
白晓宇 隋雪君 李兆兰

美术编辑
王子建

联络我们
zhijing@enviunion.com

商务合作洽谈
010-86463976

出品
恩维联合环境

内容支持
**北控水务集团
村镇事业部**

Chief Editor
Zhang Shuren

Chief Assistant
Da Zhou

Planning Editor
Zuo Yue , Lao Mu

Art Director
Zhang Shuren , Da Wang

Editor
Bai Xiaoyu , Sui Xuejun , Li Zhaolan

Art Editor
Wang Zijian

Contect Us
zhijing@enviunion.com

Business Cooperation Negotiation
86-10-86463976

Product
Envi Union

Content Advisor
**BEWG
Rural Bussiness Department**

知境／特集

篇章一：水

美丽乡村水环境
建设，是义不容
辞的责任

◎ 一件事情接着一件事情办，一年接着一年干，建设好生态宜居的美丽乡村，让广大农民在乡村振兴中有更多获得感、幸福感。

◎ 实施乡村振兴战略是一篇大文章！

◎ 我们要认识到，山水林田湖草是一个生命共同体，人的命脉在田，田的命脉在水，水的命脉在山，山的命脉在土，土的命脉在树。

绿水青山就是金山银山

习近平总书记环境论述摘记

◎ 农业强不强、农村美不美、农民富不富，决定着全面小康社会的成色和社会主义现代化的质量。

◎ 在生态环境保护问题上，就是要不能越雷池一步，否则就应该受到惩罚。

◎ 我们既要绿水青山，也要金山银山。宁要绿水青山，不要金山银山，而且绿水青山就是金山银山。

◎北宋·王希孟 千里江山图（局部）北京故宫博物院藏

受访人

陈 坚 ——————

中国工程院院士；江南大学生物工程学院教授、博士生导师

王洪臣 ——————

中国人民大学教授、博士生导师，教授级高级工程师，注册环境工程师；中国人民大学环境学院副院长；中国人民大学低碳水环境技术研究中心主任；住建部科技委城镇水务委员会委员；生态环境部土壤生态环境保护专家咨询委员会委员；中国土木工程学会水工业分会常务理事；中国环境保护产业协会常务理事；享受国务院政府特殊津贴的专家

蒋岚岚 ——————

无锡市政设计研究院总经理

李 艾 ——————

北控水务集团党委副书记、纪委书记

冒建华 ——————

北控水务集团水环境技术总监，流域水环境、海绵城市、智慧水务专家

杨小全 ——————

北控水务集团总裁助理、西部大区总经理

陈德明 ——————

北控水务集团宜兴项目公司总经理

陈春花 ——————

北京大学王宽诚讲席教授、北京大学国家发展研究院 BiMBA 商学院院长

何 强 ——————

重庆大学环境与生态学院院长，三峡库区生态环境教育部重点实验室主任，国家百千万人才工程入选者，国家有突出贡献中青年专家

董战峰 ——————

生态环境部环境规划院环境政策部副主任，主要从事环境战略与政策、环境规划、环境经济等方面的研究

操家顺 ——————

工学博士，河海大学环境学院教授，博士生导师，国河环境研究院院长。住房与城乡建设部农村污水处理专家委员会委员、中国循环经济协会垃圾资源化专业委员会副主任委员

张宝林 ——————

北控水务集团技术总监，研究水处理工艺技术决策及技术评审

马韵桐 ——————

北控水务集团市场投资中心总经理，三峡合作负责人，三峡北控双平台公司负责人

张 勇 ——————

北控水务集团村镇事业部总经理助理

杭世珺 ——————

全国村镇污水治理专家委员会顾问、北控水务顾问总工

何伶俊 ——————

江苏省住房和城乡建设厅城市建设处副处长

张树人 ——————

恩维联合环境创始人，《知境》主编

徐开钦 ——————

日本国立环境研究所（NIES）主席研究员，同时兼任美国哥伦比亚大学、中国科学院地理所、上海交通大学、武汉大学、日本筑波大学、上智大学、中央大学等客座教授／研究员，并担任日本环境省环境技术评价委员会、废物处理设施低碳化业务技术审查委员会委员等

简 畅 ——————

北控水务集团总裁助理、北控水务南部大区总经理

黎学军 ——————

北控水务集团南部大区副总经理兼总工

陈茂福 ——————

北控水务集团村镇事业部技术总监

Interviewee

史 春

北控水务集团宜兴项目公司副总经理

沈 敏

北控水务集团宜兴项目公司常务副总经理

江国强

北京建工集团旗下，宜兴农村污水治理建设团队项目经理

王振宇

江苏同益能源科技有限公司董事长

王琦峰

高级工程师，浙江双良商达环保有限公司设计院院长

金 鹏

江南大学博士，浙江双良商达环保有限公司企业研究院副院长

圃 生

青年画家，毕业于广西艺术学院中国画学院，在北京、杭州、苏州等地举办多次个人展览

刘小梅

北控水务集团水环境研究院智慧所所长

吴 凯

北控水务集团崇明项目负责人

郑展望

浙江省农村环境专业委员会主任，浙江农林大学农村环境研究所所长、教授，浙江双良商达环保有限公司董事长

毛海军

高级工程师，浙江双良商达环保有限公司副总经理

斯东浩

高级工程师，浙江双良商达环保有限公司企业研究院副院长

李 霞

博士，大地风景文旅集团副总经理、北京大地乡居旅游发展有限公司总经理

徐文妹

北控金服（北京）投资控股有限公司金融市场部总经理、市场总监

易中涛

北控水务集团宜兴项目公司副总经理

周敏宏

江苏河马井股份有限公司总经理

杨永兴

浙江双良商达环保有限公司技术副总经理、总工程师；同济大学环境科学与工程学院教授、博士生导师；中国科学院湿地研究中心博士；美国杜克大学（Duke University,USA）湿地研究中心博士后

崔志文

浙江大学博士，浙江双良商达环保有限公司企业研究院副院长

解振辉

永丰农民画家代表人物、中国非物质文化遗产永丰农民画传承人

我是北控水务美丽乡村水环境使者龙乐（yào）

層波疊浪

賜大兩府

©南宋·马远　水图册（局部）北京故宫博物院藏

王金南

中国工程院院士，环境规划与管理专家，国家监察委员会特约监察员，生态环境部环境规划院院长

研究规划国家特定时期需要多少污水处理能力、需要怎样的配套政策，是一个污水处理行业发展的问题。

——摘自《中国新闻周刊》

吴丰昌

中国工程院院士，中国环境科学研究院副总工，环境基准与风险评估国家重点实验室主任

我国目前处于污染治理阶段与水质改善阶段之间，环境保护的理念、技术和管理都需要创新。未来水环境领域的战略目标总体原则上将坚持以污染防治和生态环境保护为主线，坚持目标导向、问题导向与管理导向，聚焦科学规律、工程技术和水环境管理支撑三大创新目标。

——摘自人民网·科技频道

任南琪

中国工程院院士，哈尔滨工业大学副校长

水体治理原则是保障三大功能，即保障生物净化、生态景观、泄洪排涝功能，可以采取的措施和目标为严格控制点、面污染源、初期修复技术措施，持续的生态净化系统与措施，使其具有足够的水动力和泄洪能力。

——摘自「水务大讲坛之水污染防治专题讲座」

知境
·发声

《发现中国乡村水环境之美》

Mook·Voice

钱易

中国工程院院士，环境工程专家，
清华大学环境学院教授

在农村的现代化建设和水污染治理
过程中，一定要立足农村实际，不能原
封不动地套用城市模式。

——摘自《瞭望》新闻周刊

曲久辉

中国工程院院士，清华大学环境学院特聘教授，
中国科学院生态环境研究中心研究员

现今，美丽乡村建设已经成为我国一个重要的发
展目标，建设美丽乡村必须治理好农村环境，而优良
的农村水环境是良好农村环境的核心标志。随着『三
大攻坚战』的提出，未来十年将会是污染治理的关键
期，而农村水环境治理更是其中的难点和重点。

——摘自《农村水环境治理的模式选择》

严力蛟

浙江大学湖州休闲农业产业研究院院长，浙大教授

美丽乡村如果要全靠政府输血肯定是不行的，一定要培育其造血的功能。要在生态优先、保护第一的基础上，真正把美丽、生态、文化、风景变成产品、变成生产力、变成财富，也就是把绿水青山变成金山银山。这样的美丽乡村、乡村振兴和乡村建设才是可持续的、有生命力的。

——摘自《浙江日报》

刘彦随

发展中国家科学院院士、国家精准扶贫成效第三方评估专家组组长

城市与乡村是一个有机体，只有二者可持续发展，才能相互支撑。

——摘自《中国新时代城乡融合与乡村振兴》

胡恒洋

中国投资协会农业和农村投资专业委员会会长、原发改委农村经济司巡视员

农村经济发展，除了打基础之外，也有转型升级的问题。转型升级我们这几年重点推进的是什么？重点在农村推进『一二三』产业融合发展，就是以农业种植、养殖为基础，来延长我们的产业链，提高我们的价值链，完善我们的供应链，坚持农业能够有效益，增加效益。

——摘自《新农村商报》

贺铿

第十一届全国人大财政
经济委员会副主任委员

乡村振兴实际上是要解决三农问题，乡村振兴必须农村城市化、农民市民化、农业现代化，用农村市场化思维去发展。

——摘自《重庆商报》

段应碧

中央财经领导小组原副主任兼农村组组长、中国扶贫基金会原会长

在实现『两个一百年』奋斗目标的进程中，我国发展不平衡不充分问题在乡村大为突出。必须坚持农业农村优先发展，打破乡村要素单向流入城市的格局，打通进城与下乡的通道，引导、吸引更多的城市要素，包括资金、管理、人才、技术等向乡村流动，建立城乡公共资源均衡配置、生产要素自由流动平等交换的体制机制和政策体系，进一步完善农业支持保护制度，进一步加强农村基础设施和公共服务，让农业成为有奔头的产业，让农民成为有吸引力的职业，让农村成为安居乐业的美丽家园。

——摘自《人民日报》

马勇

湖北大学旅游发展
研究院院长

乡村振兴必须要解决生态环境问题、意识观念问题，立足我国乡村现状，转变产业形态，联动各方力量，深度剖析乡村绿色发展三维价值体系，从价值诉求角度明确乡村振兴要坚持生态优先和绿色发展。

——摘自《生态优先，绿色发展：乡村振兴的愿景、逻辑与路径》

Dream of a Proper Life in the Beautiful Countryside

生态宜居田园梦

良好的生态环境是农村最大的优势和宝贵财富

文 /《知境》编辑组　受访 / 陈坚

陈坚
中国工程院院士
江南大学生物工程学院教授、博士生导师

田园梦

能在有山有水的乡村盖一所房子，房前花团锦簇，房后果蔬飘香，我想是很多城市人的田园梦想。相信随着美丽乡村的建设，这一愿望会在越来越多的地方成为现实。

生物发酵技术的应用前景

发酵工程是利用生物质原料，在生物反应器（发酵罐）中通过微生物细胞转化，生产各种化学品和能源产品的工程技术，以获得高产量、高底物转化率和高生产强度相对统一为目标的发酵过程优化与控制技术，是发酵工程的核心。

传统发酵工业起源很早，中国早在公元前 22 世纪就用发酵法酿酒，然后开始制酱、制醋、制腐乳等，这些都是我国传统的发酵产品。经过长期的发展，传统微生物发酵技术和工艺水平基本达到了瓶颈期。

近年来，随着分子生物学、细胞生物学和合成生物学的快速融合，现代发酵技术应运而生，再次实现了生产效率和产品品质的提升。如今，生物发酵技术已由传统的食品酿造深入到医药、化工和环境领域。例如抗生素的大规模发酵生产，大宗有机化学品和食品添加剂的发酵生产以及农村污水治理等，对于解决人类当前面临的环境、医疗卫生和食品安全等问题也提供了新的发展思路。

◎青瓦白墙，水天一色的宜兴乡村水环境之美

分散式农村污水治理的行业难题

当前，国内外污水处理技术的核心还是微生物降解处理，包括活性污泥法、厌氧无动力处理技术、生物膜法、速分生物处理和生态处理等技术。

分散式农村污水治理是一个行业难题，因为水质、水量波动大，碳氮比低，其中最大的难题就是达标的问题。现在，大多数农村污水处理的微生物技术仍采用传统的发酵工艺，主要是通过干预外部条件来提高达标率，但是，始终达不到理想的状态，整体的达标率还是偏低，如何才能有效地解决这个问题？

发酵工程作为现代生物技术的产业化部门，致力于把生命科学发现转化为实际的产品、过程、系统和服务，可为化工、能源、材料、轻工、环保、医药、食品等产业链创造新的经济机遇。近十年来，生物技术的技术方法突飞猛进地发展。生物技术正在重塑世界：可预测、可再造、可调控；仿生、再生、创生；人造生命、器官再造、生物存储、高能细胞、人机交互。这些为废水处理功能微生物细胞的构建、优化和调控创造了根本条件。

将发酵技术引入到农村污水，通过学科交叉的方式，发现还有很大的提升发展空间。通过功能微生物在开放环境中高活性、高转化率、高生产强度这三个关键技术问题研究，选育相应的菌种进行分析、改造，可以大幅地提高其污染物处理效率，从而对分散式农村污水治理的行业产生革命性的影响。

农村产业的跨越式发展

随着微生物技术的快速发展，它所带来的变革深入影响着我们生活的方方面面，在农村产业的发展中带来的利益和成果也是显而易见的。当前，全国都在建设美丽乡村，加速推动乡村振兴。发酵技术在农村产业发展方面可以大有作为。

首先，就是农村有机物资源化方面。微生物发酵处理过程中产生的污泥可以与农村餐厨垃圾、秸秆废弃物，甚至养殖废弃物进行深度发酵处理，制作有机肥，助力农村农业的生产发展。在一些村落景区，还可以同当地乡村旅游相互结合。

其次，就是土壤改良方面。许多地区的农业种植由于化肥过量使用，土地酸化且板结严重，生态平衡遭到破坏，一系列危害慢慢显现出来。虽然农产品产量上去了，但是环境变差了，田里的鱼、泥鳅，河里的虾、螃蟹越来越少。近年来，浙江、重庆等地在农作物种植上应用酵素，通过采用酵素肥，使得土壤 pH 值上升转化为碱性。土壤得到了改善，所种出来的农产品品质也有很大的提升。

类似这样的例子还有很多。总的来说，现代发酵技术在解决一些行业瓶颈问题上具有很大潜力，将有助于农村产业实现跨越式发展，实现良好的经济效益、环境效益和社会效益。

◎ 在秋天的晴空下，俯瞰这片土地

良好的生态环境是农村最大的优势和宝贵财富

党的十九大报告明确提出要实施乡村振兴战略。乡村振兴，意味着乡村的产业、人才、文化、生态以及组织等各个方面的振兴。而乡村要振兴，生态宜居是关键。良好的生态环境是农村最大的优势和宝贵财富。

绿水青山就是金山银山，我们身边已经出现了很多这样的例子。比如杭州临安太湖源。太湖源有个指南村，坐落在山顶。过去，由于位置偏僻，交通不便，只是一个鲜为人知的小山村。美丽乡村建设后，指南村经历了一次又一次变迁，如今的指南村，村庄环境美丽如画，家家户户庭院靓丽，每年都吸引着成千上万游客的到来。村庄环境变了，村民环保意识提高了，许多人纷纷回到这个小山村，开农家乐，经营当地的特色农产品等，产业红红火火，真正实现了绿水青山就是金山银山。

附：江南大学在发酵领域的学科优势

江南大学生物工程学院为中国发酵工程学科的诞生地，创建了我国第一个发酵工程国家重点学科及本硕博人才培养体系，是我国工业生物技术领域（特别是发酵工程学科）中最具品牌影响力和竞争力的高等教育基地之一。学院近五年承担国家重点研发计划、国家重点基础研究发展规划、国家高技术研究发展计划等在内的国家级项目200余项，部省级、企业课题500多项，获国家技术发明二等奖3项，国家科技进步二等奖1项，中国专利金奖、银奖各1项。建有粮食发酵工艺与技术国家工程实验室、发酵技术国家工程中心（无锡）、国家微生物资源信息平台、工业生物技术教育部重点实验室、糖化学与生物技术教育部重点实验室、江苏省现代工业发酵协同创新中心等，为学科建设、科学研究、人才培养奠定了厚实的基础。

◎流动的水总能给环境带来灵气和活力

Embracing the Ecological Era with Thinking in the Context of Humanity and History

文/《知境》编辑组　受访/李艾

党建视角：
在历史和人文思考中，
迎接生态纪元到来

建设生态文明，贡献北控力量

李艾

北控水务集团党委副书记、纪委书记

北控水务文化品牌「水·生命·爱」图腾IP 恩维原创

影响人类发展的因素，一曰自然，二曰文化。一方面，『生态纪元』的到来，昭示着人与自然和谐共生进入更高阶段，与此同时，在创新改革的进程中，文化历经延续与发展，方能历久弥新、反哺自然。

『中华民族向来尊重自然、热爱自然』绵延5000多年的中华文明孕育着丰富的生态文化』习近平生态文明思想以中华文明丰富的生态智慧为其民族土壤和文化基因。

从『道法自然、天人合一』到生态文明主张成为国家意志，中华文明一脉相承。唯其如此，维系了中华民族生态环境几千年的文化，及承载这种文化的土地上，才能继续春生夏长、秋收冬藏，养育万物，生生不息。

深化生态文明建设
贯彻"四个一"要求及六个观念

党的十九大把"绿水青山就是金山银山"写入党章，将建设"美丽中国"和生态文明写入宪法。习近平总书记多次指出："生态文明建设是关系中华民族永续发展的根本大计。"

诚然，保护生态环境已成为全球共识，但把生态文明建设以如此之高的历史地位和战略地位，确立为一个执政党的行动纲领，是中国共产党执政方式的鲜明特色。回顾历史，新中国成立70年来，优质生态产品在人们美好生活中的重要性不断提升，全社会对生态环境保护的认识逐步深化，生态文明建设的战略地位不断提升。党的十八大以来，以习近平同志为核心的党中央，把生态文明建设作为统筹推进"五位一体"总体布局和协调推进

"四个全面"战略布局的重要内容，形成了习近平生态文明思想。**2018年全国生态环境保护大会上，习总书记强调，生态环境是关系党的使命宗旨的重大政治问题，要自觉把经济社会发展同生态文明建设统筹起来。**2019年年初，习总书记围绕生态文明建设，首次提出"四个一"，即：

四个一：

① 在"五位一体"总体布局中生态文明建设是其中一位；

② 在新时代坚持和发展中国特色社会主义基本方略中坚持人与自然和谐共生是其中一条基本方略；

③ 在新发展理念中绿色是其中一大理念；

④ 在三大攻坚战中污染防治是其中一大攻坚战。

这"四个一"有着严密的逻辑和明晰的层次，既有对

◎绿树掩映，水波如镜，是人们对美好生活环境的向往

©北控水务走进闽宁镇耿嬷红军小学举办环保主题"开学第一课"

生态文明建设规律的把握，又确立了生态文明建设在新时代党和国家事业发展中的地位。如何更好地理解习近平生态文明思想，援引习总书记讲话，我们应从意识形态角度牢固树立以下六大观念，并通过理论指导实践，使其贯穿指导企业发展和人才培养的全过程。

六大观念：

① "生态兴则文明兴"的历史观；

② "坚持人与自然和谐共生"的自然观；

③ "绿水青山就是金山银山"的发展观；

④ "良好生态环境是最普惠的民生福祉"的民生观；

⑤ "山水林田湖草是生命共同体"的系统观；

⑥ "用最严格制度最严密法治保护生态环境"的法治观。

争做生态文明先锋
北控水务以首善标准
践行社会责任

如何更好地指导企业实践，习近平总书记在十九大开幕式上所作的报告，赋予了企业社会责任新方向、新内涵。他指出，应做新时代的新企业，做贯彻新理念的企业，做生态文明建设的先锋企业，做解决民生问题的生力军企业。

作为国际领先的专业化水务环境综合服务商，北控水务十年坚守环保初心，服务国家战略，守护

将我们的产品、服务，将为老百姓、为政府提供的环保产品做到更好，用汗水浇筑收获，用实干笃定前行。

——李艾

绿水青山，努力做生态文明思想的践行者。

十年间，北控水务牢固树立山水林田湖草是生命共同体的思想，全方位、全地域、全过程助力生态文明建设。形成了"两主""多专"的产业布局，既专注于水务业务和水环境综合治理，同时全方位拓展环保事业，在环卫及固废、清洁能源、海外业务、科技服务、金融服务等方面有所建树。瞄准国家战略高地，重点聚焦京津冀、长三角、粤港澳、长江经济带，解决不同地域治理诉求，业务领域覆盖全国33个省市自治区，欧洲、东南亚多个国家，"集融资、投资、设计、建设、运营"技术服务全产业链于一体，始终保持在污水处理领域的领先优势。建设美丽乡村，改善农村人居环境，北控水务务实耕耘。成立了村镇事业部，先后在江苏宜兴、上海崇明及宁夏闽宁等地开展美丽乡村治水工作，聚焦"厕所革命"关于水污染防治的部署要求，持续开展人居环境整治行动。

> 融入生态文明体系建设，是环保企业强基固本的根本路径，也是守护生命之源，创造绿色价值的不竭动力。
>
> —— 李艾

强调和论述"绿水青山就是金山银山"的理念，接近 20 余次。聚焦三大攻坚战之一的脱贫攻坚，习总书记曾说：**"一些地方生态环境基础脆弱又相对贫困，要通过改革创新，探索一条生态脱贫的新路子"。**1997 年，习近平来到宁夏，对口帮扶宁夏脱贫攻坚的一个重要思路就是做水的文章。通过抓井窖工程，解决居民用水；通过生态移民搬迁，恢复植被，涵养水土。在习近平总书记的关怀和引领之下，西海固地区做活了水的文章，初步解决了生活用水、产业用水的问题，并逐步实现开发用水和生态蓄水的良性循环，实现了经济生态化和生态经济化。

弘扬生态文明思想
不忘初心使命
汇融"水、生命、爱"

水，是所有生命赖以生存的基础，是社会经济发展不可缺少和不可替代的重要自然资源和环境要素。坚持把生态环境作为经济社会发展的内在要素和内生动力，凸显生产力的绿色属性，体现了热爱自热，尊重生命，人与自然和谐共生的永恒之爱。

2004 年，习近平同志在浙江省"千村示范、万村整治"工作现场会上讲话指出：**"实践证明，'千村示范、万村整治'作为一项'生态工程'，是推动生态省建设的有效载体，既保护了'绿水青山'，又带来了'金山银山'，使越来越多的村庄成了绿色生态富民家园，形成经济生态化、生态经济化的良性循环。"**2005 年，习近平在浙江安吉县考察时，首次提出**"绿水青山就是金山银山"**，强调不以环境为代价去推动经济增长。党的十八大以来，习总书记在不同场合，

◎闽宁镇：从曾经的"干沙滩"到如今的"金沙滩"

以生态价值观念为准则的生态文化体系，以产业生态化和生态产业化为主体的生态经济体系，以改善生态环境质量为核心的目标责任体系，以治理体系和治理能力现代化为保障的生态文明制度体系，以生态系统良性循环和环境风险有效防控为重点的生态安全体系，是基于习近平生态文明思想所形成的"生态文明体系"。这一体系的构建，勾勒和描绘出美丽中国总蓝图和总蓝图下的经济、政治、文化和社会各项建设基本路径。从发源地绵阳塔子坝水厂至今，北控水务坚守环保初心，努力诠释守护生命之源的大爱。北控水务匠心治水，做生态文明践行者；低碳运营，做绿水青山守护者；共创美好，做企业公民先行者；坚守责任，做三大攻坚参与者。在点滴积累中抒发家国情怀、产业情怀、专业情怀。融入生态文明体系建设，是环保企业强基固本的根本路径，也是守护生命之源，创造绿色价值的不竭动力。

©推进"北控水动力"环保教育进校园工作

习总书记曾说："建设好生态宜居的美丽乡村，让广大农民在乡村振兴中有更多获得感、幸福感。"人民美好幸福生活，是北控水务深耕环保，践行社会责任的最终目标。

—— 李艾

加强人居环境整治
扶贫扶志"闽宁模式"共建美丽乡村

党的十八大以来，党中央从全面建成小康社会全局出发，把扶贫开发工作摆在治国理政的突出位置，全面打响脱贫攻坚战。党的十九大之后，党中央又把打好脱贫攻坚战作为全面建成小康社会的三大攻坚战之一。2018年10月29日，中央组织部、国务院扶贫办发布《关于开展扶贫扶志行动的意见》，要求在"建设美丽乡村、坚决打赢脱贫攻坚战"中，企业扶贫工作要"注重扶贫和扶志、扶智相结合"，为解决"区域性整体贫困，做到脱真贫、真脱贫"贡献企业力量。2019年10月17日，国家扶贫日当日，中央对脱贫攻坚工作作出重要指示，习近平总书记发表重要讲话，强调当前脱贫攻坚已进入决胜关键阶段，要坚决攻克深度贫困堡垒，着力补齐贫

"三共建"工作在闽宁地区的持续推进，对于助力宁夏地区的业务发展，弘扬"两山"文化，助力乡村振兴和生态文明建设将起到积极作用。

——李艾

困人口义务教育、基本医疗、住房和饮水安全短板，继续动员全社会力量参与脱贫攻坚，各方面形成合力，确保高质量打赢脱贫攻坚战。北控水务积极响应党中央号召，认真参与三大攻坚战，努力践行首都国企社会责任。在深化地区生态文明建设，共建美丽乡村过程中，全面落实产业扶贫、科技扶智、文化扶志，在项目当地形成了践行社会责任"三共建"（党建共建、政企共建、校企共建）工作体系，并率先在宁夏银川推进三共建"闽宁模式"。

2018年9月，北控水务与银川市永宁县政府签订《闽宁镇村镇生活污水项目示范工程委托协议》，双方共同致力于为银川市实施乡村振兴战略提供可复制、可推广的农村治污新模式。2018年10月，集团率先选取全国精准扶贫示范点宁夏闽宁地区推进"三共建"工作。北控水务集团成为首家与闽宁进行党建共建的企业。共建双方注重巩固合作基础，在共建中融入党建要义、融合政企携手理念，通过联合监督、志愿服务、现场教学、文化交流等方式，共同形成"红色记忆"，实现党建工作与行政管理、企业经营的深度融合。双方注重整合资源，深化东西协作，在人才交流、项目建设、产业扶贫等多个领域开展政企合作，助力脱贫攻坚，共

建美丽乡村。北控水务利用企业优质资源进行环保宣传教育，推进"北控水动力"环保教育进校园工作，通过举办环保主题"开学第一课"，在广大青少年中根植守护绿水青山的环保理念，持续推进环保文化的传播。北控水务践行社会责任"三共建"工作所形成的"闽宁模式"，受到了宁夏地区新闻媒体的广泛关注，并予以正面宣传。宁夏自治区政府领导多次莅临闽宁镇，对于集团在建设美丽乡村中的扎实举措予以肯定。集团组织建设的闽宁镇美丽乡村环境综合整治工程荣获2018年"银川市优秀重点建设项目"二等奖。"三共建"工作在闽宁地区的持续推进，对于助力整个宁夏地区的业务发展，进而彰显北控水务作为国际一流水务环境综合服务商的良好形象，大力弘扬"两山"文化，助力乡村振兴和生态文明建设将起到积极作用。

结语

"不忘初心，方得始终"，建设生态文明，需要我们守护、传承和创新生态智慧和文化基因，在深刻解答"我们从哪里来，要到哪里去"的历史思考、人文思考中强基固本、凝心聚力，将我们的产品、服务，将为老百姓、为政府提供的环保产品做到更好，用汗水浇筑收获，用实干笃定前行，建设生态文明，实现永续发展。

湖光澂瀲

賜大兩府

水

淡泊无为·利他

©南宋·马远 水图册〔局部〕北京故宫博物院藏

水脉与文脉

The Relationship Between River Water and Cultural Context

汇编／《知境》编辑组

◎黄河流域局部图 选自《广舆图》元朱思本撰，明罗洪先增补．明万历七年海虞钱岱刊本．1579 年

假如用河流为比喻，中国文化的发展正有如黄河、长江，源头相距不远，一向北流，一向南流，分别呈现了各自的文化特色。

黄河带给中国肥沃的土壤，也挟来一次又一次的洪荒劫难，中国人歌于斯，哭于斯，聚国族于斯，也集聚了文化的创造力；而长江带来的水流，百川朝宗，挟来的数千里泥沙，都在五洋七海中泯合，天下众流无所区别，海洋始能成其大。

除自然河流以外，我国自古以来还开凿了许多人工河道，同样延续着自然和历史的演变。

滚滚大河一路东去，中国历史文化奔腾向前，正如许倬云先生所言："万古江河，昼夜不止。"

乔清举《河流的文化生命》
人类文明的第一行脚印，是踩在湿漉漉的河边的。

杨建华《试论文明在黄河与两河流域的兴起》
目前已知的最早的文字系统都产生在大河流域：底格里斯河和幼发拉底河、尼罗河、印度河和黄河。这些大河流域联系着许多不同的地区，构成了它所流经地区的经济命脉和交往通道。

马世之
黄河流域与三大文化区
早在史前时期，黄河流域即是中华远古居民活动的历史舞台。他们在这里创造了灿烂的远古文化，约从新石器时代早期起，渐次形成了著名的三大文化区，即黄河上游的河湟区、中游的中原区和下游的海岱区。各个区域范围内的文化独立发展，自成序列，相互影响，交相辉映，从而织成黄河史前文化的绚丽画卷。

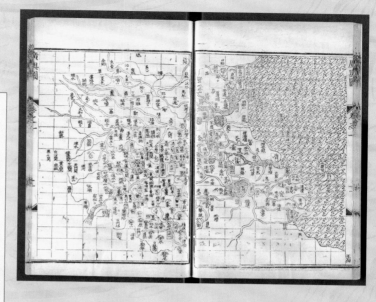

◎长江流域局部图
选自《广舆图》元朱思本撰．明
罗洪先增补．明万历七年海虞钱
岱刊本．1579年

牟永抗
长江流域与吴越文化
长江流域新石器时代考古中一个很重要的问题就是水稻。从一定意义上讲，可把长江流域新石器时代考古学文化叫作种稻文化，它与黄河流域的种粟文化构成了整个东亚地区两大并列的文化系统。

丁家钟，贺云翱《长江文化体系中的吴越文化》
长江文化作为内涵广博的文化体系，它由巴蜀文化、荆楚湖湘文化、吴越文化三个亚系组成，其中吴越文化生存于长江下游地区。广义的吴越文化具有"饭稻羹鱼"的经济结构和饮食习惯，以及善驾舟、鸟崇拜、干栏式建筑、"文身断发"习俗，尚绿、灵动、情感细腻等文化特征。

王瑞平《水与中华文明——一方水土养一方人》
珠江三角洲与岭南文化
岭南先民遗址的出土材料证明，岭南文化为原生性文化。基于独特的地理环境和历史条件，岭南文化以农业文化和海洋文化为源头，在其发展过程中不断吸取和融汇中原文化和西方文化，逐渐形成自身独有的特点——务实、开放、兼容、创新。

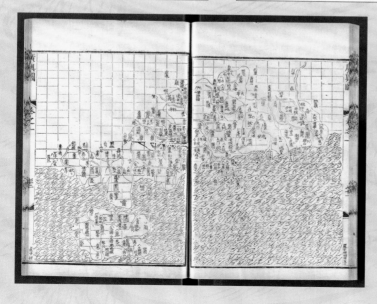

人类文明往往是发轫于大河流域的

◎珠江流域局部图
选自《广舆图》元朱思本撰．明
罗洪先增补．明万历七年海虞
钱岱刊本．1579年

美丽乡村水环境
图腾设计之美

The Beauty of Totem Design of Beautiful
Village Water Environment

文 /《知境》编辑组

整体设计是基于原有北控水务"水·生命·爱"的图腾演化而来

图腾元素提取

云淡风轻近午天
春到人间草木知

绿树阴浓夏日长
楼台倒影入池塘

秋阴不散霜飞晚
留得枯荷听雨声

千里黄云白日曛
北风吹雁雪纷纷

缘起

2017 年恩维联合环境为北控水务集团设计"水·生命·爱"图腾，在坚持以人为本的同时，表达了世间万物循环共生的理念。

为了体现北控水务集团维护生态和谐、守护乡村家园，践行美丽乡村、乡村振兴战略的使命感，2019 年恩维联合环境再次为北控水务集团设计美丽乡村水环境图腾。

知境：设计理念从何而来？

恩维：整体设计是基于"水·生命·爱"图腾演化而来，其圆形源于赖以生存的地球母亲，其中元素是将"山水林田湖草 + 人"组合，体现山水林田湖草是一个生命共同体，生态是统一的自然系统的理念。

知境：新图腾与既有图腾的延续性如何体现？

恩维："水"字之色取于"水·生命·爱"的图腾，既与品牌主元素保持延续性，又将水字用柔美的线条环绕在圆形外围，仿若包裹着地球的海洋，而众多生机由此孕育而出。

知境：恩维联合环境寄予该图腾的含义？

恩维：我们不仅希望通过该图腾的设计，体现出企业的风范，加强人们对品牌的亲切感与认同感，也希望将对美好环境憧憬的种子，根植于每一位存在的个体之中。用万物之眼，看天下之境。

三山半落青天外
二水中分白鹭洲

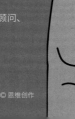

特集 · 政策

Responsibility and Punishment: Who Will be Responsible for the Beautiful Village Effect?

责与罚：
谁来为美丽乡村效果负责？

文 /《知境》编辑组　受访 / 杭世珺

治理农村污水就像装修房子，
总要有一个"家主"统筹指挥装修全过程，
而这个家主我认为就是政府。

杭世珺
全国村镇污水治理专家委员会顾问、
北控水务顾问总工

总体来说，当前农村污水治理情况已经比以前有了很大提升。虽然每个项目使用的设备、工艺不尽相同，但基本可以实现百分之七八十的达标率，达到了一定的处理效果。

尽管如此，农村污水治理仍存在着很多尚未解决的难题。

 ## 中国农村污水治理最缺的是系统的思考

农村污水治理的一大难题是，无法预估的水质水量。

一般来说，村庄的形态各异，建设布局往往没有经过系统的规划设计。那么，当户与户之间的空隙较小时，管线应该如何设计？如果是在没有冰冻的地方，管子可以放在靠近墙脚的路边。但对于有冰冻期的地区怎么办？深埋？这会对基础处理、管道接口、管材等的要求极高，大大增加施工难度。一旦管道施工不合理，地下水和雨水就很容易进入污水管道中，稀释原本污水中 BOD 浓度，造成收集上来的污水水质水量无法保证。

而有的地方，污水管道只用来收集黑水（即粪便污水），污水中的 BOD 浓度特别高。所以针对不同的污水情况，我们应该在前期规划设计时，充分考虑项目所在地的区域特征，总体规划污水收集方式以及管网布局方式。

但农村污水治理问题绝不是单纯的规划设计、建设施工就可以解决的。谁来运营？谁来监管？谁来保证处理设施长效运营？这也是一个很大的问题。

日本在农村污水治理上有一个整体的管理体制和运营体制，比如，规划好农村污水户线和净化槽位置，将每两户或三五户的洗涤用水、粪

◎图：解振辉

便污水等通过户线接入净化槽中，再由净化槽处理后排入雨水管道或者沟渠中。所以在确保前期施工合理后，就可以放心交给社会化服务进行后期管理。农户们发现设备故障，也通过电话向社会化服务机构进行报修。

所以我认为，工艺技术已经不是阻碍农污治理的主要原因。简单的工艺更适合农村污水处理，工艺越简单，环节越少，后期运维管理越方便。现在市场上大部分优秀企业使用的AAO、多级AO等工艺就可以满足农污治理的工艺需求。

当前中国农村污水治理最大的问题在于没有系统的思考，缺啥补啥，没有标准，探索标准；设计不行，完善设计。所以国家在制定农村污水处理政策时，必须得有一个从标准到设计、建设、运维的整体设计布局和系统的思考。

 ## 农村问题
只能由政府负责

农村污水治理是一个需要整体统筹的工作，每一个环节都关系到整体是否能持续稳定进行。

比如，设计工艺能否达到预期处理标准？施工质量是否合乎要求？回填土是不是夯实了？管道接口对不对？基础是不是做了？管材是不是合理？是否有冰冻问题？有没有渗漏问题？运营当中参数是不是选得对？是不是经过冬季夏季都没有问题？

确保运营以后没问题了，才可以交付使用，放心交给社会化服务机构定期管理。任何一个环节都不能出现纰漏。

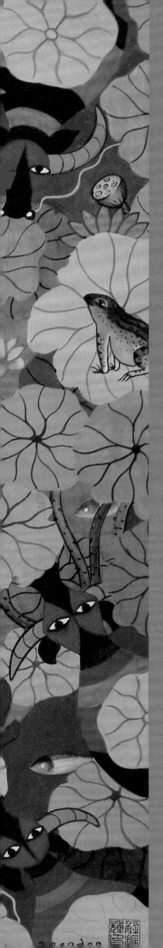

但谁来负责从设计到运营全过程的监管？我认为这个责任主体就是政府。

就像装修房子，房主可以委托泥瓦匠、电线铺设团队，也可以找人进行全过程监督。但是委托谁？怎么委托？每个环节都是由房主决定的，那么房主就要为最后的装修效果负责。而农村这个房子，只能由政府负责，企业只是为你干活的人。

所以政府应该在综合考虑好"农村污水究竟要做成什么标准"之后，再委托第三方进行治理，并为最终的效果负责。不问责永远做不好。所以农村污水的治理一定是以政府为主导，政府与企业紧密联系合作。

让百姓参与
农污治理全过程

农村污水治理最终的受益者是百姓，阻碍者也恰恰是百姓。究其原因，在于老百姓不知道你在做什么。

所以有很多人说，在治理过程中经常会有百姓不让你将处理后的水排到他们的地里，因为他们觉得这是臭水。但没人和他们说，粪便污水就是他们之前用作肥料的粪水，也没人请他们进来和企业一起治理。如果在开始定方案的时候，就让百姓参与，让他们知道，农村污水是怎么治理的，治理后的水是什么样的，他们明白了，自然就不会反对你了。日本推行垃圾焚烧时就是这么做的。

所以，农村污水治理必须要让老百姓参与其中，和政府企业共同完成。让百姓知道我们做的事情能帮他解决污染问题。

延伸阅读：
《青年样 | 杭世珺：
保护地球环境更需要年轻人》

◎图：解振辉

特集·政策

The Force of the Crowd Has been Neglected
被忽视的群众力量

文 /《知境》编辑组　受访 / 何伶俊

提及农村污水治理，人们首先想到的是模式、工艺、标准，
往往忽略了农村环境的直接受益者是老百姓。
环保意识的薄弱，
往往让他们无法理解农村污水治理的必要性，
成为阻碍农村污水治理的重要因素。
如何提高公众环保意识，让老百姓参与其中，
是农村污水治理一定要考虑的关键。

何伶俊
江苏省住房和城乡建设厅城市建设处　副处长

随着"绿水青山就是金山银山"以及"美丽中国""乡村振兴"等的提出，国家逐渐将农村环境问题提上日程。党的十九大报告明确要求开展农村人居环境整治行动。

打造农村人居环境首要的是进行农村水环境的治理。江苏作为太湖流域的重要省份，积极开展农村生活污水治理工作，探索农村治理的有效模式。

事实上，因为各地农村的经济、社会等情况大不相同，所以并没有一个唯一的模式，只有适合的才是最有效的模式。

而以现在普遍采用的模式来看，农村污水的治理更多的还是依靠政府。在政府的主导下，企业以 PPP、EPC 等模式开展工作，也确实取得了很多成效。但在具体实施过程中，往往会因为村民的不理解、不配合等主观问题，面临很多困难。

所以在我看来，现阶段，农村污水处理需要更多地联合社会力量，获得公众或者全社会的支持与参与。所以开展农村污水治理工作，除了要确定因地制宜的技术路线外，更重要的是提高公民环保意识，加大公众参与度。比如，利用互联网的渠道，联合社会各界力量，切实加强环保意识的全方位、多形式的宣贯工作。对处理效果较好地区实行奖励机制，发挥示范区作用，充分调动和发挥群众的监督意识和监督力度。

© 恩维创作

◎千百园环境教育基地鸟瞰图

千百园

环境问题是社会可持续发展、建设生态文明的重大挑战。环境教育基础薄弱，使环境意识水平成为社会转型升级中短板环节。为促进环境教育发展、推动城乡生态保护，南京大学校友联合世界自然基金会、澳大利亚水资源管理联盟以及环境治理、生态保护、可持续发展等国内外专家共同打造黄龙岘"千百园环境基地"，探索环境教育校外示范的新模式。

千百园环境教育基地落地于南京市江宁区黄龙岘村，该地区是文化底蕴浓厚的茶文化旅游村，具有山水林田湖草的完整要素，是长江边的流域单元。千百园结合黄龙岘实际情况，在当地开展垃圾分类、水资源管理、生物多样性保护、绿色生活、绿色生产与环境教育等工作，推动当地生态文明建设与乡村振兴。

知境

Collision and Exploration: How to Make Rules?

冲撞与探索：
规则该如何制定？

文 /《知境》编辑组　受访 / 董战峰 X 徐开钦 X 张宝林 X 杨永兴

迥然不同的农村污水治理方式，
看似简单，却蕴含着很多无法预估的难题。
政策标准如何制定？
现行标准是高是低？
谁是农村污水治理过程中的重要参与者？
谁又要为农村污水治理效果负责任？
农污治理路程刚刚起步，
前路漫漫，
还需参与者一路摸索前行。

董战峰 | 农村污水治理应该根据地方特色，因地制宜地探索有效的治理模式和治理标准。

杨永兴 | 现有很多省市颁布的农村污水排放标准相对偏低，随时间推移，必将逐步提高标准。

张宝林 | 与农村污水处理复杂多样的形势特点相悖的是投入上的严重不足，这就决定了当前农村污水治理设备及技术更倾向于简单易执行方向。

徐开钦 | 建议环境教育从娃娃抓起，让环境知识走进课堂。

农污治理之路刚刚起步，关于治理政策和标准，每个人都有自己的看法。不知道你们有什么高见啊？

Agricultural pollution control should be adapted to local conditions under a unified standard

农污治理应该
在统一标准下因地制宜

农村问题关系国家发展大局，是缩小城乡差距，实现共同富裕的重要问题，重要性不言而喻。从"三农"问题的提出到乡村振兴、美丽乡村政策的陆续出台，农村环境问题逐渐上升到一个新的高度。而农村情况的特殊性又决定农村环境治理的特殊性和复杂性。

但现阶段，我国的法律法治建设仍是农村生态环境治理的薄弱环节。制度的缺失，让企业在治理过程中会走很多弯路。因此，现在当务之急是完善法律法规，加强立法工作。

首先，农水治理标准的制定是农村污水治理的基础。 从国家层面来说，应该制定统一标准，然后地方根据水文地质条件、治理需求等，因地制宜地制定地方标准。

其次，在标准的实施过程中，因地制宜地探索有效模式， 如技术模式、运维模式、市场模式、监管模式等。考虑到农村污水治理分散式的特征，从监管的角度来说，可以委托一个专业化的第三方以县为单位进行打包式的运维。

其三，从政府管理的角度来说，要建立长效机制，明晰责权，将农村问题纳入政府考核机制中。 协调政府各部门之间的工作，保证在工作推进过程中，有明确的体制和机制责任。

其四，政策鼓励、引导农村水环境治理。 创新经济政策，加强财政补贴，用以奖代补，政策激励，

董战峰
生态环境部环境规划院环境政策部副主任，主要从事环境战略与政策、环境规划、环境经济等方面的研究。

© 恩维创作

以及优惠电价、税收等手段，引导和推动农村环境治理。宣传推广地方农村污水治理的有效模式和经验，促进农村污水治理工作由点到面深入推进。

最后，发挥村民的主体作用。 对环境信息进行有效公开，引导村民参与到监管环节中来。加强宣传，结合农村实际情况，因地制宜地开展宣教政策，提高村民对水环境治理的认识，充分调动村民的积极性、主动性、创造性。

延伸阅读：
《青年样 | 董战峰：让政策研究的理想之光照进现实》

Environmental education starts from children
环境教育从娃娃抓起

环境教育就是借助教育手段使人们认识环境，了解环境问题，获得治理环境污染和防止新的环境问题产生的知识和技能，树立正确的观点和态度，培养德才兼备的专业人才，普及环保法律法规知识和环保基础知识，提高全民的环境意识。

徐开钦

日本国立环境研究所（NIES）主席研究员，同时兼任美国哥伦比亚大学、中国科学院地理所、上海交通大学、武汉大学、日本筑波大学、上智大学、中央大学等客座教授／研究员，并担任日本环境省环境技术评价委员会、废物处理设施低碳化业务技术审查委员会委员等。

© 恩维创作

我们先来看一组数据。在我们的日常生活中，大家都会洗头发。而你是否知道15毫升的洗发水用量如果没有经过处理直接进入河流湖泊，需要多少纯净水的稀释才能让鱼儿生存（BOD浓度5mg/L以下）？答案是500升！150毫升的啤酒则需要近3吨的纯净水，500毫升的废油，需要将近99吨的纯净水。

另外，除了生活污水，还有畜禽养殖对水造成的污染。据不完全统计，中国占世界20%的人口，消耗了全世界超过50%的猪肉。一头猪每天排放出来的粪便量差不多是5.4公斤，换算成BOD负荷量约为130克／天。同样我们人的粪便每人平均每天排放1.5公斤，换算成BOD负荷量是13克／天。一头猪每天排放出的BOD负荷量是我们人的大约10倍。如果从磷的角度讲就更触目惊心了，一头猪每天排放的磷的负荷量大约是人的30倍。因此，畜禽养殖的处理也是刻不容缓的。我们很多流域比如太湖、洱海等流域的养猪废水污染也值得我们重视。

关键是这些数值参数在日本很多农村的家庭主妇、小学生都很熟悉，而我们的大学生都未必清楚。因此环保教育必须通过深入浅出的方式，阐述污染的严重性，将民众的环保意识深植于日常生活中。

所以，和我们目前农村污水治理同步紧迫的是我们的国民环境教育和环保意识的提高，建议环境教育从娃娃抓起，让环境知识走进课堂，以此渗透于我们整个社会的环保意识。环境教育需要从小做起，需要几代人的共同努力才能达到，任重道远！

国内最近这些年，中央政府对生态环境保护非常重视，对农村环境治理提出"加快美丽乡村建设，加大农村污水处理力度"。衷心希望我国的生态环境保护事业不断发展，水环境质量不断改善，回归绿水青山的本来面貌。

Rural sewage treatment
The standard should be lowered and the equipment should be simplified

农村污水治理
标准要降 设备要简

农村污水治理的特点是点多、面广，规模小，水质水量波动大。整体规划欠缺，户籍人口和实际常驻人口的数据出入非常大。

简单易执行

与农村污水处理复杂多样的形势特点相悖的是投入上的严重不足，这就决定了当前农村污水治理设备及技术更倾向于简单易执行方向。调节池的设置是必须的！此外需要注意的是投入的设备不要过于复杂。

我们目前所使用的设备，被称为一体化傻瓜式装置。这种设备可以保证在少人，甚至无人值守的情况下正常运行。因为农村污水处理地域广，投入不足，后期运维与城镇污水处理有很大差别，存在一定难度，所以要求农村的污水处理必须减轻后期运维环节，越简单越好。

如今随着新设备的不断开发，以及互联网、物联网的发展，这方面已经有了长足进步，比如我们可以利用手机 APP 辅助监测，积累数据等，但某些方面还有待加强和改善。

张宝林
北控水务集团技术总监。研究方向：水处理工艺技术决策、技术评审。
© 恩维创作

小脚穿大鞋

农村污水治理任务重，形势紧，但从上层规划管理到下层实践执行都是摸着石头过河，怎么治，达到什么标准都没有一个统一标准。

很长一段时间内，农村污水治理的考核标准直接套用了城市标准，于是就出现了小脚穿大鞋的困境。"总氮指标"和"随机取样瞬时达标"等高悬的指标之剑让企业叫苦不迭。为了达标而达标，不仅给企业利润或信誉带来损失或造成威胁，而且有时会因此延缓和滞后农污治理的发展。

道路曲折，前途光明

但是，经过了十二五的启蒙，十三五的培养，我们的治污经验有了一定的积累。政策、企业以及直接服务对象都在磨合中有了长足进步。首先是老百姓对治理和排放都具有了环保意识，最重要的是在各方努力和呼吁下，农村污水治理标准有了调整。

从 2018 年底到 2019 年上半年，各地根据住建部、生态环境部的指示精神相继出台新标准，因地制宜优化了农村污水处理技术参数及模式。总而言之，我们的农村污水治理道路曲折，前途光明。

Only by solving the problem of rural sewage can we improve China's water environment from the source

解决农村污水问题
才能从源头上改善中国水环境

杨永兴
浙江双良商达环保有限公司技术副总经理、总工程师
同济大学环境科学与工程学院教授、博士生导师
中国科学院湿地研究中心博士
美国杜克大学（Duke University,USA）湿地研究中心博士后

© 恩维创作

随着农村经济快速发展和农村旱改厕的推进，在带来农村居住环境改善的同时，也大大增加了农村的产污能力。但农村污水处理能力却没有同步增长，这就造成了农村水环境问题越来越严峻。

在此之前，国家将水环境治理的重心都放在了城市污水治理上，忽视了对农村水环境的治理。殊不知，大多分布在河流干流、支流的上游、中游、中下游的农村水环境问题才是现在中国水环境问题的源头。所以随着水环境治理的深入推进，国家开始逐步意识到仅仅治理城市污水是解决不了我国水环境现状的。

现行农村污水处理标准高还是低？

从现有各省市已出台的农村污水排放标准来看，各地标准参差不齐。但在我看来，现有很多省市颁布的农村污水排放标准相对偏低，随时间推移，必将逐步提高标准。以氨氮含量为例，国家地表水环境质量标准(GB3838—2002)中规定 V 类水中氨氮值为 2mg/L。但现有的农村污水处理标准对氨氮的要求多在 15~25mg/L。按照这种排放标准，排出 1 立方米氨氮含量为 15mg/L 的污水将直接导致 15 立方米的地表 III 类水变成劣 V 类水。

所以，从纯粹的环境保护主义者观点来说，排放标准越高对我国水环境问题解决越好。但考虑到我国农村污水治理尚处于起步阶段以及农村经济发展水平的限制，决定了现阶段的农村污水处理标准不宜太高。现阶段，农村污水处理工作的推进，要制定一个科学的总体规划，分步实施，有效推进。

我想，随着经济发展速度的提高以及农村居民环保观念的不断深入人心，农村污水治理标准将会不断提高，否则无法从根本上解决国家水环境问题。

水阔鱼沉何处问

渐行渐远渐无书

文／《知境》编辑组　受访／冒建华

特集·技术

Solving Rural Environmental Problems
with Appropriate Methods

得其门而入，才可持续

© 恩维创作

冒建华
Mao Jianhua

北控水务集团水环境技术总监，流域
水环境、海绵城市、智慧水务专家。

· ·

农村的环境问题要立足农村解决，传统工程治理体系未必适用

农村的问题确实特别复杂，所谓"解决好中国农村问题，才是解决了中国社会问题"。在我看来，中国所有农村问题的核心都避不开城乡二元论的问题，包括农村环境问题。从社会经济发展的角度说，现在已经从农村补贴城市逐渐发展为城市补贴农村。但从生态的角度来看，中国现在依然是在用农村的环境容量来补贴城市。我认为，这是农村环境的根本性问题。

目前农村环境问题的一个关键在于主导治理农村污水的专家、设计师、工程师大部分都是来自城市，缺少真正懂得农村的人，同时农村环境污染者和环境受益者缺乏参与。在这方面，农村污水处理可以借鉴农村灌溉的处理方式，成立一个用水者协会或者水环境协会，以村集体的形式让农民进行自发式管理。我们国家农村改革一直也是这样，无论是分田到户，还是联产责任制，都是村集体自我管理。北控水务、首创等公司应该是作为农村污水村委会的技术服务商，解决农村技术力量不足、运营不稳定等问题，重点不是投资人，而是技术服务商。运营最好是让农民自己管理，农村环境问题才能真正做好。

单靠环境治理工程体系是难以解决农村环境问题的。处理农村污水的关键并不在于多高端的技术，农村污水治理甚至都不需要太高标准，有稳定的一级 B 就足够了，更高的标准和要求可以通过农村坑塘、沟渠生态净化功能去实现，低成本、稳定运行是关键。

农村生活污水治理要和农村目前的状态结合起来看。现在普遍存在的现象是：远郊农村"空心化"；近郊农村城镇化。在"空心化"严重的农村，处理农村污水只需将黑水和灰水分离。黑水治理可以借势厕所革命，将其排放至化粪池，后期安排人员定期管理即可。灰水的治理可以用一些具有调节能力的简易处理装置对水进行处理后排入农村的坑塘中，然后在坑塘里做一些人工湿地等生态化的措施，保证坑塘出水达标即可，保持散排状态也许比纳管收集更有效。

农村的种养殖污染往往是农村污染最为重要的源头。以种植为例，我国大部分农村仍以个体化种植为主，这就决定了肥料等的使用率低，从而加剧面源污染。而随着人口的老龄化，种地的年轻人越来越少，土地流转制度逐步完善，耕地将会越来越集中，逐渐发展到大农业时代，测土配方施肥、水肥一体等科学管理措施才能得到进一步的应用，此时种植面源污染问题可能就自然缓解了。同时，当农村的土地等资源一旦集中后，就能产生一种资源能源循环体系，从而解决农村污水、垃圾、养殖等污染问题。所以从这个角度上来说，农村生产方式和组织方式的改变，会解决农村环境问题。

知境：您觉得农村环境治理最核心的是什么？

冒建华：我觉得对大部分地方来说农村环境治理的核心是黑水和垃圾。对于养殖业多的地方，养殖污水治理是第一位的。徐开钦老师曾经讲过，饲养一头猪、一头牛，每年所产生的粪尿、废水、臭气的污染负荷，其人口当量分别为8人至12人、30人至40人，对于一个以养殖业为主的区域来说，其养殖排放不亚于一座中型城市。而且养殖所用

的饲料中富含各种抗生素，这些抗生素如果处理不好，最后不仅会造成河流的水域污染，甚至会杀死河流底泥中的微生物，把河流真正杀死。所以清洁化的养殖或者说无害化的养殖是关键。

选择一个正确的路径，比选择一个所谓的好技术要重要得多

就农村污水而言，选择合适的农村污水治理模式比选择处理工艺更为重要，模式包含商业模式、技术方案、运行管理等。从项目可行性判断的角度上来说，可以有一些农村污水专用的投资和测算工具来辅助，我们自己在项目前期，开发了一个农村水价地图模型的工具来估算建设难度、水价、运维成本，同时也可以和业态拓展结合，综合决策项目是否可行。

如果经测算项目不可持续，可以采用业态拓展的方式，争取将农村垃圾甚至农村供水等相关项目打包到农村污水治理中来。这样就可以用一套人马运营两个甚至三个项目。如果打包三个项目后，经测算仍旧不合理，

那只能证明这个项目在当下不可行，需要有可靠的补贴或者其他方式解决可持续经营的问题。

在不同类型的区域，在技术路线选择上应该有所差别，选择合适的处理方式才能更可持续。

比如：

干旱半干旱地区。干旱地区水资源短缺，水分蒸发快，灰水问题靠自然净化就可以解决。而且这一地区基本都使用旱厕，黑水问题也极少产生。所以干旱地区的农村污水问题不大，不是直接排放入河的可以简单处理甚至无须处理。

长江流域。长江流域地区的农污治理可以参照江浙沪等经济高度发达地区的治理方式。但对于四川、湖北、湖南等山区，可以利用农户在山上自建的用于蓄水的山塘或水坝，在其中建立人工湿地进行污水处理。在这些山区，只需要做一个提升泵站就可以低成本地解决农污问题。

珠三角地区。珠三角大部分地区，如广东及周边地区，城乡差异已经基本消失，农村污水已经完全呈现出城市污水特征。所以农村污水的处理可以按照城市污水的模式来建设运行。最大的区别就在于农村污水厂的规模稍小一些。

此外，政府还可以通过划定敏感区、非敏感区进行差异化处理。针对敏感区进行严格治理，而非敏感区甚至可以要求不直接排放就可以。这样差异化的处理会比一刀切的模式更好一些，而且整个社会投入也会小得多。

知境：您如何看待宜兴农污项目？宜兴农污项目是否具有借鉴性？

冒建华：首先，宜兴作为环保之都，有足够的政府加分。

其次，宜兴项目采用的PPP模式，可控性更强。

最后，宜兴采用智慧化的运营手段来解决运营问题，比传统的运营手段更升级一些。所以从这个角度上来说，我觉得宜兴项目应该会比其他项目更好一些。

此外，它还存在着一定的想象空间。未来，尤其是在农村，农村污水治理项目将是一个能够联系千家万户的接口。在项目持续运营的前提下，农村污水站点可以实现物流、快递、基站等嫁接功能，将站点作为资源更好地利用起来。

但宜兴是一个趋于城镇化的农村，所以宜兴的模式对于类似的农村地区可以借鉴。但是对于其他正处于或即将进入衰退阶段的农村，宜兴模式并不适用，这些地区的治理模式一定是低成本的。国务院参事冯骥才研究指出，过去10年全国每天消失80~100个自然村。为了应对可见的变化，这些地区污水处理设施的设计寿命甚至可以放宽至5年或者10年。

文／《知境》编辑组 受访／王洪臣×徐开钦×何强×操家顺×刘小梅×斯东浩×杨永兴×王琦峰×金鹏×毛海军×崔志文

特集·技术

局限与突破：农村污水治理的技术探索

Limitations and Breakthroughs: Technical Exploration of Rural Sewage Treatment

中国农村污水治理是建设美丽新农村重要的一环，但因为中国地域广大，经济发展不均衡等原因导致我们的农村污水治理复杂多变，必须因地制宜研发筛选适合中国农污治理发展的技术，这样的技术一应该简单，二应该与智慧化相结合。随着 2020 年的到来，十三五规划接近尾声。我们当前农村污水治理的技术和智慧化发展进行到了哪一步？取得哪些成就又有哪些问题随之而来？中国农污治理各个领域的专家从专业角度各抒己见，为我们点亮农村污水治理的指路明灯……

王洪臣｜能简单地天天正常运行着的，才是农村污水处理的主流技术。

徐开钦｜如何借鉴国外的经验，构建强有力的法律法规、评价体系、相应的标准以及后续的运维保障体系是亟待解决的重要问题。

何强｜治理方案上，需要因地制宜，建议"一村一策"。

操家顺｜对于农村污水治理来说应充分注重系统规划、科学设计与规范建设。

刘小梅｜在点多面广的农村污水处理项目中实现智能化管控体系，最大难点并不在于智能化技术本身，而是如何保障设备的长效运维，保证站点数据的有效性。

斯东浩｜从长期来看，智慧化管控平台是为了帮助运维公司降本增效。

杨永兴｜"发酵槽＋强化型人工湿地"的技术更能满足现在我国对农村污水处理的需求以及将来更高的需求。

王琦峰｜长效运营的保障机制和监管机制，农村污水处理设备的标准化，都是迫切需要解决的问题。

金鹏｜农村污水具有 COD 低、氨氮等有害物质浓度高以及污染物情况复杂等特征，而且农村污水治理过程中不会额外补充碳源等营养物质，这就意味着，用于农村污水处理的微生物相对污水处理厂而言，吃得少、干得多，所以就很难达标。

毛海军｜从规划设计到最后的运维，一定要重视质量管控。

崔志文｜发酵槽技术更能适合中国农村污水治理需求。

© 恩维创作

王洪臣

中国人民大学教授、博士生导师，教授级高级工程师，注册环境工程师；中国人民大学环境学院副院长；中国人民大学低碳水环境技术研究中心主任；住建部科技委城镇水务委员会委员；生态环境部土壤生态环境保护专家咨询委员会委员；中国土木工程学会水工业分会常务理事；中国环境保护产业协会常务理事；享受国务院政府特殊津贴的专家。
研究领域为：水污染治理理论与技术；城镇排水与污水处理系统的绩效管理。

农村污水治理，
标准不可太高、工艺不可复杂

Rural sewage treatment standards should not be too high, and the process should not be complicated

在探讨农村污水主流处理技术之前，先说一下城市污水处理的主流技术。目前，城市污水处理主流技术是"活性污泥法"，但活性污泥法已经超过100年了，学术界在求新求变。农村污水治理有主流技术吗？是什么？虽然还在争论、还在探索，但初步的共识是不能简单复制城市的技术。

百花齐放的农村污水治理技术

"主流"意味着业内绝大部分项目在采用最有成效的技术。目前，农村污水治理技术百花齐放，有各种改良的活性污泥法，也有各种形式的生物膜法，人工湿地等生态处理技术也不少。对于污水处理，规模越小技术就会越多元。全国虽然有 200 多万个自然村，但不会同时存在几十个技术，一定是以一类或两类技术为主。基于农村污水治理的特点，我们倾向于把"简单"作为选择技术的最重要因素，也就是常说的"能简单地天天正常运行着的，才是农村污水处理的主流技术"。基于这样一个思考，我们倾向于生物膜法，主张把非人工曝气的生物膜法作为非寒冷地区的主流技术。

一刀切高标准的弊端

另外一个需要关注的问题是，农村污水处理排放标准不可太严。韩国的农村污水治理标准，总氮是 40mg/L，总磷是 4mg/L，实际就是不要求脱氮除磷。对 COD、BOD、氨氮这类消耗氧的指标则较严。我们的农村污水治理首先应该是解决黑臭，排放标准以耗氧类指标为主就可以，其他过高的标准，既不现实，也无必要。

因地制宜制定标准

有时候特别是在起步阶段，一个标准可能推动和促进一个行业的发展，一个标准也可能把一个行业捆死。所以，政府部门以及各界也在积极探索更适合的农污治理考核标准。从 2018 年下半年开始到 2019 年上半年，住建部、环境部出台相关政策，只提供相关意见，让各地因地制宜制定考核标准，以达到技术、标准、经济发展、民风建设相互适应、相互促进的目的。

◎波光粼粼的龙珠水库

© 思维创作

何强

重庆大学环境与生态学院院长，三峡库区生态环境教育部重点实验室主任，国家百千万人才工程入选者，国家有突出贡献中青年专家。长期从事小城镇污水处理、城市排水管网、城市水环境综合整治技术研究。主持国家科技重大专项项目／课题、国家科技攻关课题、国家自然科学基金项目等 20 余项，发表学术论文200 余篇，获发明专利 50 余件，编制标准和政策指南等 10 余部，获省部级／行业科技特等奖和一、二等奖 10 余项。

农污治理不要盲目追求高标准

Don't blindly pursue high standards for rural sewage treatment

知境：市政污水处理与农村污水处理在技术上需要做哪些区分？

何强：市政污水与农村污水在规模、水质水量变化等方面均存在较大的区别，一定程度上导致处理

技术的选择上也需要有所区分。市政污水具有规模较大、水质水量变化系数小、有较稳定的投资来源等特点，加之有较完善的运营维护体系，氧化沟、A/A/O、SBR 等成熟处理技术广泛应用于市政污水处理。

相较于市政污水而言，农村污水存在规模小、水质水量变化大、相对分散、无稳定投资来源、缺乏运维技术人员等劣势，处理技术选择上受到限制较多，需要因地制宜，明确污染负荷来源及组成，优先选用人工湿地、稳定塘等生态治理措施进行处理，能耗低且运维便捷的一体化设备也可运用。

知境：《农村生活污水处理工程技术标准》的实施对农村污水治理带来哪些影响？在国家统一的标准指导下，各地方应该如何因地制宜地制定污水治理标准？

何强：从全国范围来看，地域、经济发展水平的不同在很大程度上导致农村污水水质的不同及治理技术的区别，《农村生活污水处理工程技术标准》（以下简称"标准"）在总结近几年农村污水治理工程经验和借鉴国外治理经验的基础上，指出：

农村污水治理工作要结合地方实际情况，统一规划、统一建设、统一运行、统一管理。

设计水量水质的确定要进行实地调查，摸清本底数据。

要重视农村污水管网收集的设计、建设及维护。"标准"从顶层对农村污水治理指明了方向，有利于农村污水治理更科学、有序地推进实施。

地方应该根据实际情况，制订切实可行的治理方案，具体应做到以下几点：

在对农村生活污水处理建设、运行、维护和管理进行综合经济比较分析的基础上，根据当地情况选择合适的处理方法和技术流程，确定集中式还是分散式，确定生态治理还是一体化污水处理设备。

要进行实地调研，明确水质和水量，摸清污染负荷来源、本底环境容量。

要结合当地的水环境容量、水环境综合整治的要求等制定合适的污水排放标准。不要盲目追求高标准，在不是特别敏感的区域，适当降低标准。

根据位移和坡度等参数，合理确定管道直径和流量，并制定管道和检查井的管理规定。

知境：你对农村污水治理有哪些建议？

何强：治理方案上，需要因地制宜，建议"一村一策"，具体可以分为三种情况：

分户污水处理。过于分散的单户，相对少量集中的住户污水，采用就地处理的方式。

村庄集中污水处理。村庄或一定范围内集中农户的污水，经排水管网收集后就近接入污水处理站处理。

纳入城镇污水管网集中处理。位于城镇内及其周边村庄的污水，经污水支管收集后直接纳入城镇污水干管中，由城镇污水处理厂统一处理。

以上三种污水治理方式，需经过技术经济比较后确定。

前两种农村污水处理工艺选择上，应优先采用如人工湿地等生态处理工艺，并尽可能考虑将处理后污水回用到农田林地等。

© 恩维创作

杨永兴

浙江双良商达环保有限公司技术副总经理、总工程师
同济大学环境科学与工程学院教授、博士生导师
中国科学院湿地研究中心博士
美国杜克大学（Duke University,USA）湿地研究中心博士后

"发酵槽 + 人工湿地" 强强结合，保证农村污水稳定达标

The combination of "fermentation tank + constructed wetland"ensures the stable compliance of rural sewage

从现阶段的农村污水处理技术来看，从日本引进的净化槽技术由于不能很好地适应中国农村的国情，容易出现水土不服的状况；膜处理技术处理效果好，但相应的成本也太高。我个人更看好"发酵槽 + 人工湿地"的处理技术与工艺，尤其是"发酵槽 + 强化型人工湿地"技术与工艺。

发酵槽技术是在净化槽的基础上，根据我国农村污水碳氮比低、水量水质变化大、冲击负荷大的实际情况，将现代微生物发酵技术引入农村污水处理中，有效地解决了脱氮除磷的行业难题。

所谓人工湿地，是人工建造的、可控制的和工程化的湿地生态系统。人工湿地的设计和建造是通过对自然湿地生态系统中物理、化学和生物作用的优化集成组合来进行污水处理的生态污水处理技术。其既具有自然湿地的主要生态与环境功能，又强化了净化污水的功能。强化型人工湿地在人工湿地结构设计、植物筛选、基质组合、运维管理这几个方面更加精细化与科学化，使其去除污染物能力进一步提高。

而人工湿地技术作为一种广谱性的污水生态处理技术，能够很有效地解决农村各种污水处理问题。由于其本身就具备病原微生物的处理能力，无须投入杀菌设备和药剂就能有效地处理多种污染物，出水完全可以达到国家城镇污水处理厂的污染物排放标准。既节约了处理成本，提高处理效率，又不会产生二次污染问题。

更重要的是，人工湿地还可以和农村水景观建设有机结合，打造农村湿地公园，美化乡村环境。经人工湿地处理后的水可以资源循环利用，如中水回用、冲厕、农业灌溉、景观水体补水等。而且运维管理十分方便，一个具有初中水平的普通农民经过专家技术培训就完全可以承担。

而发酵槽与人工湿地技术的结合将是农村污水最佳的处理工艺。发酵槽作为整体工艺的前处理设备，不仅可以去除大部分污染物，而且能有效去除悬浮物等，降低人工湿地堵塞风险。而人工湿地作为农村污水处理整体工艺的深度处理技术，既可保证出水稳定达标，又能在前端发酵槽设备出现暂时性故障时起到缓冲作用，仍然可以进行污水处理，避免污水放任自流。

所以我认为："发酵槽 + 强化型人工湿地"的技术更能满足现在我国对农村污水处理的需求以及将来更高的需求，尤其是满足对出水水质要求高的水环境功能区、水生态敏感区与水源地保护区等地区的农村污水处理要求。

© 恩维创作

徐开钦

日本国立环境研究所（NIES）主席研究员，同时兼任美国哥伦比亚大学、中国科学院地理所、上海交通大学、武汉大学、日本筑波大学、上智大学、中央大学等客座教授、研究员，并担任日本环境省环境技术评价委员会、废物处理设施低碳化业务技术审查委员会委员等。

相对于技术，中国农村污水治理更需要在规划与管理层面有所提升

包括农村污水，日本和美国都有相关法律。在日本，城市有《下水道法》，农村污水处理则是《净化槽法》。《净

Compared with technology, rural sewage treatmentin China needs to be improved at the level of planning and management

化槽法》涵盖农村集中和分散污水处理设施的建设、运行和管理规定，成为日本农村生活污水处理法律法规的核心。

第三方行业机构担负重要角色

日本农村污水治理一般由行政机关、用户以及行业机构共同参与完成。污水治理设施设立时，由用户向行政机关提出申请。县（市）级的行政机关及其指定的机构，对污水治理设施的申请设立、变更、废除具有审批权，并通过指定的机构对建设与运行的质量进行监管。

监管分两种，一种是设施建成后的验收检查，主要对设施建成后的出水水质和运行状况进行评估；另一种是设施运行过程中的定期检查，相当于运行监管。作为第三方的行业机构在分散污水治理中担负很重要的角色。

行业机构包括设备制造公司、建筑安装公司、运行维护公司和污泥清运公司，均需取得相应的资质，并且从业人员必须通过培训和考试获取相应的专业证书。此外，还有开展分散污水治理技术的研究、推广、宣传教育、专业人才培养等专业性的行业协会和培训机构等。

日本还有相对比较完善的净化槽评估体系。净化槽的构造可分为两种，一种是由国土交通大臣制定的标准构造（或称例示构造型）；另一种是由净化槽厂家申请，由国土交通大臣批准的构造（或称性能评价型）。

1969年，日本建设省首次公布了全国统一的净化槽构造标准，对净化槽的处理性能、构造等做出了详细的规定，这也是净化槽最初的构造标准。之后这个标准经过数次修改。近年来，随着净化槽技术的迅速发展，采用新技术的性能评价型家用净化槽在新安装的净化槽中占比达95%左右。

日本成熟的净化槽技术

目前深度处理净化槽技术已经非常成熟，出水可以实现 BOD<10mg/L、TN<10mg/L、TP<1mg/L 的水平。净化槽厂家开发的新的净化槽技术设备在正式投入使用前，会有专门一个部门为其做性能评价试验（相当于医药公司新出药品等需要临床试验一样）。在日本的国立环境研究所霞浦湖水环境保全再生基地里就有一个专门的实验基地（生物生态工程研究基地），为净化槽的性能评价提供可调控实际农村污水浓度，温度控制和现场低温（13°C）试验和常温（20°C）试验的平台。

假如净化槽制造商有个新开发出来的具有脱氮功能的净化槽技术，需要通过这个实验基地平台，分别对该净化槽新技术做低温（13°C）和常温（20°C）的性能评价。性能评价实验由具有相关资质的第三方机构进行。性能评价结果合格后（达到规定的水质标准）才能获得国土交通省大臣的认定，然后才能进行生产和出售。

净化槽性能评价制度依据"净化槽性能评价方法与细则"进行，它对净化槽性能评价所采取的原水水质、环境温度、评价周期、水量变化系数、合格标准等均有明确规定。

我国的农村生活污水处理才刚刚起步，分散地区的生活污水处理尚在摸索阶段。虽然目前已有不少厂家生产净化槽，但是从质量到功能没有一个标准的评价或检测体系。如何借鉴国外的经验，构建强有力的法律法规、评价体系、相应的标准以及后续的运维保障体系是亟待解决的重要问题。

© 恩维创作

刘小梅

北控水务集团
水环境研究院智慧所所长

Building a smart water system for the entire life cycle
构筑全生命周期的智慧水务体系

智能化管控体系凭借在管控全局、精准识别问题、信息实时共享等方面的突出优势，被越来越多地应用到水环境治理项目中，特别是对于农村污水治理这种较为分散的项目来说，优势更为突出。

但在点多面广的农村污水处理项目中实现智能化管控体系，最大难点并不在于智能化技术本身，而是如何保障设备的长效运维，保证站点数据的有效性。构建智慧化管控体系的长效运维机制应该从以下三个方面考虑：

标准化。 在各个站点统一配套标准化的在线监测设备等硬件，结合一些人工检测的数据，保证数据来源，实现设备以及数据的标准化。

项目全生命周期管控。 在设计和建设过程中，智慧化管控体系可实现对人员、进度、成本、质量的整体管控；在运维过程中，通过智慧化管控平台，实时监测、维护设施资产和设备资产，跟踪管控运维人员巡检、养护、维修全过程，进行动态绩效评估，保证运营效果及成本控制。此外，还会增加灵活配置功能，保证后期增加站点时能更加灵活便捷地调整。

公共监督。 综合考虑从政府端到企业运维再到公共的监管需求。为政府提供建设情况、运行状况等信息，便于政府端的监管；通过开设公众号等方式，与村民进行互动交流，以及宣传环保知识，提高公众认识。

未来，随着水环境治理项目更加综合化，智慧水务的构建也将会从原来单一的智能化发展成为更为综合的智能化，把水看成一个综合的整体进行管理。与此同时，随着人工智能、5G、大数据等信息化技术更为成熟，智慧化在水务领域的应用将更为完善。届时，大家对智慧水务将有一个更加清晰完整的思路，行业也会形成更为完善的标准。

© 恩维创作

斯东浩

高级工程师，浙江双良商达环保有限公司
企业研究院副院长

Application prospects of intelligent management and control platform

智慧化管控平台的应用前景

智慧化管控平台采用物联网、大数据、云计算技术，实现流量、水位、水质、药耗、能耗及设备的实时感知和远程监控的运维管理系统。主要包括数据采集、数据传输、数据存储、数据处理和数据分析展示，为水处理行业服务。

商达智慧化管控平台主要由地图展示、实时监控、报警中心、工单管理、运维管理、考核评价、报表管理、系统设置等功能模块组成。主要是给运维人员使用的，帮助减少人员的投入，提高运维人员工作效率。所以从长期来看，智慧化管控平台是为了帮助运维公司降本增效。

目前，中国农村污水处理投入主要以政府为主体，

农村治污项目一般以县为单位，可能几百几千个站点成批处理，所以从农村污水治理点多、面广、量大的场景来看，必然要用到智慧化管控平台。智慧化管控平台为农村生活污水治理设施运行的日常监督工作提供信息化管理工具，也给政府监管提供有效途径，通过数据交换接口与政府监管平台进行数据交换。

根据我们对整个市场的分析，未来中国农村可能会有1000多万个水处理站点，商达环保如果占到10％，就是100多万个，这是一个很大的量。智慧化管控平台的数据架构，现在系统能够支持10万个站点数据接入，将来可以扩容升级到100万个站点的数据承载能力。

Four rural sewage treatment, starting from the top design
农污治理四个化，从顶层设计开始

© 恩维创作

操家顺

工学博士

河海大学环境学院教授，博士生导师

河海大学污水资源化与低碳发展研究所 所长

国河环境研究院 南京河海环境研究院 院长

住房与城乡建设部农村污水处理专家委员会委员

中国循环经济协会垃圾资源化专业委员会副主任委员

专业从事水污染控制与水生态修复理论与技术研究

我国部分农村"老残留穷"问题突出，表现为农村污水产生量小且波动大、季节性与假日效应明显等产排特点，农村污水处理相对于城市污水处理存在规模确定困难。农村污水处理尚缺乏符合农村特点的设计、施工规范与建设标准，因此，参照城镇污水处理往往会造成很大的浪费。

农村污水治理根据各地区村庄人口规模、村落分散程度、距离城镇远近等实际情况，采用纳管处理、集中处理与分散处理的模式；根据人口集聚程度、经济条件、地理气候因素、排水去向，采用简单模式、常规模式与高级模式，即优先采用有资源利用要求与条件的简单模式，实现氮磷资源与水资源的利用，对于环境敏感区采用高标准出水水质的高级模式。

对于农村污水治理来说，应充分注重系统规划、科学设计、规范施工与智慧运维。根据对已实施的农村污水治理成果，我们总结出资源化、系统化、标准化、规范化的"四化"经验：

资源化

农村污水首先考虑氮磷资源的利用，特别是粪尿还田（地）。粪尿是传统的农家有机肥，不仅可以提高农产品的品味，也是土壤生态系统维系的需要；再一个是水的资源利用问题，对于缺水及部分山区尤为重要，充分做到水尽其用。当前，在农村污水收集系统设计时尤其要考虑如何方便农民安全获得粪尿资源。

系统化

所谓的系统化就是从源头预处理（化粪池、隔油池、调节池）到污水收集系统、污水处理设施及尾水排放进行系统设计，确保污水的有效收集与处理。对于县（区）域，要进行整体规划，系统设计，试点示范，总结经验，逐步推进，力求实效。

标准化

随着各地相继颁布农村污水处理排放标准，农村污水治理逐步走向正规，但设计规范、施工规范、建设标准、竣工与验收规范、运行维护规范等仍缺乏，严重滞后于现行农村污水处理的建设进度，部分地区甚至出现建了拆、拆了再建等现象，造成了极大的浪费。因此，现阶段建议化粪池、隔油池、调节池、检查井、处理设施、排放井等均应标准化生产与供应，即把所有流程中的设备单元（包括元器件）力求做到标准化，以有效减少运维成本，提高效率。同时，做到运行维护的规范化，监管的常态化，确保农村污水处理设施的稳定运行与污染物削减效果。

智慧化

由于农村污水面大量广，应切实做到农村污水治理设施的智慧化运行、智慧化管护、常态化监管，使农村污水治理设施建得好、用得起、管得住。

崔志文

浙江大学博士，浙江双良商达环保有限公司
企业研究院副院长

© 恩维创作

Fermentation tank technology can better meet China's rural sewage treatment needs

发酵槽技术更能满足
中国农村污水治理需求

FBR 发酵槽是商达环保针对国内农村污水杂物多、总氮和总磷高的特点，推出的一种适合国内农村污水的一体化处理设备。FBR 发酵槽系列包括槽式（0.5-2t/d）、罐式（5-100t/d）、厢式（50-500t/d）三个系列，设备可全地埋式、地上式安装。发酵槽的研发推广获得了国家级、省部级、市厅级多个科研项目支持，获得了中国环境保护产品认证证书等。

达标稳定 有用

FBR 发酵槽采用改良 A/A/O+ 发酵技术相结合的工艺，强化型出水水质为地表 IV 类水。目前，农村污水大多仍然采用传统的发酵技术，而现代发酵技术采用高通量筛选、分子生物学等手段，已在生物制药、功能营养品等领域的高端产品有成熟的应用。FBR 发酵槽将其引入农村污水处理中，显著提高除磷脱氮效率。

寿命长久 耐用

FBR 发酵槽采用复合玻璃钢材质及标准化的 SMC 模压生产线，设计使用寿命为 30 年。复合玻璃钢材料硬度高、耐高温、抗腐蚀，重量比钢铁轻，较 PE、PP 等其他材质，在劣质土质和地下水位高等不利条件时，不易变形，更加适合农村粗放的施工环境。此外，设备充分考虑检修的问题，易损件方便更换，产品品质更加稳定。

管理智能 好用

FBR 发酵槽采用商达成熟稳定的管理平台进行远程移动管理。通过手机 APP 即可实现远程管理，监控抓拍等管理。该平台于 2009 年从英国曼彻斯特大学引入，2012 年应用在无锡锡山区农村污水打包运维项目中。目前，已经稳定地管理全国 2 万个站点。

经济适用 适用

FBR 发酵槽户均投资成本 1000 ~ 3000 元，投资及运行成本适中，基本适合农村地区经济条件。

金鹏

江南大学博士，浙江双良商达环保有限公司企业研究院副院长

© 恩维创作

Solving rural sewage treatment problems with microbial fermentation technology

用微生物发酵技术
解决农村污水处理问题

现有的农村污水处理方式大多源于城市污水厂的工艺技术。

进入城镇污水处理厂的水，氨氮等有害物质的浓度低且 COD 高。为保证污水处理效率，还会额外添加碳源等营养物质，让微生物有更多的能量补给，处理效率大大增加。

农村污水刚好相反。农村污水具有 COD 低、氨氮等有害物质浓度高以及污染物情况复杂等特征。而且农村污水治理过程中不会额外补充碳源等营养物质，这就意味着，用于农村污水处理的微生物相对污水处理厂而言，吃得少、干得多，所以就很难达标。这应该是目前农污治理上的一大难点了。

在我们看来，这种传统的生物工艺技术没有充分发挥微生物的作用，对其应用尚处于较低端的粗放水平。因此，商达基于在微生物发酵工程专业上的先天优势，从提升强化微生物能力这一根本入手，在农村污水处理中引入微生物发酵技术理念。通过研发高效的微生物菌种，针对农村污水的水质和水量特点对功能微生物菌剂进行复配优化，获得高活性、高生物量、稳定和高效的复合发酵菌剂，保证微生物在发酵槽中的运行效果，保持持久高活性，保证处理效率。

具体来说，通过对培育的高效微生物菌种进行复配，将复合菌剂和生物营养剂进行包埋，制备成能满足农村各种水质需求的系列功能微生物菌包产品——"曲立方"。将曲立方投放至站点的设备中，可以提高功能微生物在设备中的高活性、高转化率和高菌群丰度，形成明显优势效应，从而保证设备持续高效运行。在污水处理中的应用只是微生物发酵技术应用的第一步。针对污水处理后产生的污泥废渣等东西，商达未来将持续升级发酵技术，将污泥和农村产生的餐厨垃圾、秸秆等混合深度发酵，产生有机肥，达到循环再利用的效果。

◎集"科技"与"自然"于一体的农村污水处理站点

Problems and regulations of rural sewage treatment in China

中国农村
污水治理的监管与标准难题

© 恩维创作

王琦峰
Wang Qifeng

高级工程师，浙江双良商达环保有限公司
设计院院长

随着对农村环境治理力度的加大，各级政府一直大力推进农村污水治理，全国处理农村生活污水的行政村比例逐年增加。农村污水处理正处于快速增长的前期，将成为我国污水处理行业的重点之一，市场潜力巨大。

农村污水处理设施监管难度大，保障与监管机制不健全。农村区别于城市，一些地区环保意识相对薄弱，并且由于农村污水处理设施存在数量多、地点分散的情况，对其进行全面运行监管难度也比较大，更容易出现监管不到位的局面。许多已建成的农村污水处理设施维护困难，正常运行率低，主要原因是长效运营的保障机制和监管机制不健全。

农村污水处理设备的标准不完善。目前我国农村地区采用的污水处理技术和设备类型众多，但质量良莠不齐。行业已经开始迈入标准化的时代。国内目前针对农村生活污水治理设备的标准有两个，《户用生活污水处理装置》（CJ/T 441）和《小型生活污水处理成套设备》（CJ/T 355）。《户用生活污水处理装置》主要是针对处理量小于 2t/d 的，处理规模较小。而《小型生活污水处理成套设备》标准发布于 2010 年。当时，农村污水处于试点建设阶段，尚未大量实施，技术也处于发展的初级阶段。当前，农村污水治理正处在上升阶段，相关的技术标准、评价体系、管理措施都需要不断地总结与提升。由双良商达主编，中国环科院、北控水务、桑德生态、中建水务、浙江省环科院等单位参编的《农村生活污水净化装置》行业标准，将有助于推进农村污水处理设备的标准化。

Agricultural pollution control should attach importance to quality control
农污治理应重视质量把控

毛海军
Mao Haijun

高级工程师，浙江双良商达环保有限公司
副总经理

© 恩维创作

农污治理质量把控我觉得可以从几个方面来讲：

设计质量要把控。设计出错往往都是大错。农村地形地貌比较复杂，首先，查勘现场一定要仔细。在查勘的同时，要跟老百姓多沟通，因为将来大量的管网要从老百姓房前屋后走，所以沟通工作一定不能忽视。这是从设计源头抓质量。站点选址的合理性是保障后期达标运行的重要保障。尽量不选在低洼处，以防雨水聚集。一般要求位于下游，以尽量依靠地形坡度和重力来收集污水，节约污水收集运行费用。集约用地，尽可能利用边角地，尽量不占用基本农田。

另外，目前市场上各种材料、管材，甚至污水处理设备很多，但是质量问题也很多。我们现在是 PPP 时代，总承包方的项目管理时间是很长的，一旦在采购材料、设备上出现质量问题，将是后患无穷的。所以材料和设备的质量一定要把控好。

施工质量要把控。重视农村污水施工质量，比如说标高控制，它直接涉及进水出水，要求非常精确。管网渗漏是农村污水常见的问题。主要原因包括接户管设置不标准，直管、主管走向不合理。如穿过河沟、农田就容易引起渗漏。大量的下水进入降低污水浓度，影响生化效率，造成后期达标困难。所以，管道开挖注意埋深，基础考虑不同的土质要求，回填的时候注意夯实。

运维质量要把控。运行维护的质量直接涉及整个系统的达标和寿命问题。在宜兴项目上，我们采用 1+X 的模式，建设运维中心的同时，在不同乡村建立运维服务站，保障运维时效，各运维服务站定期培训、交流、评选。基于移动物联网技术，打造农村污水 4.0 智慧运营管理模式。实现做得好、管得好、看得到、获得感四个目标。

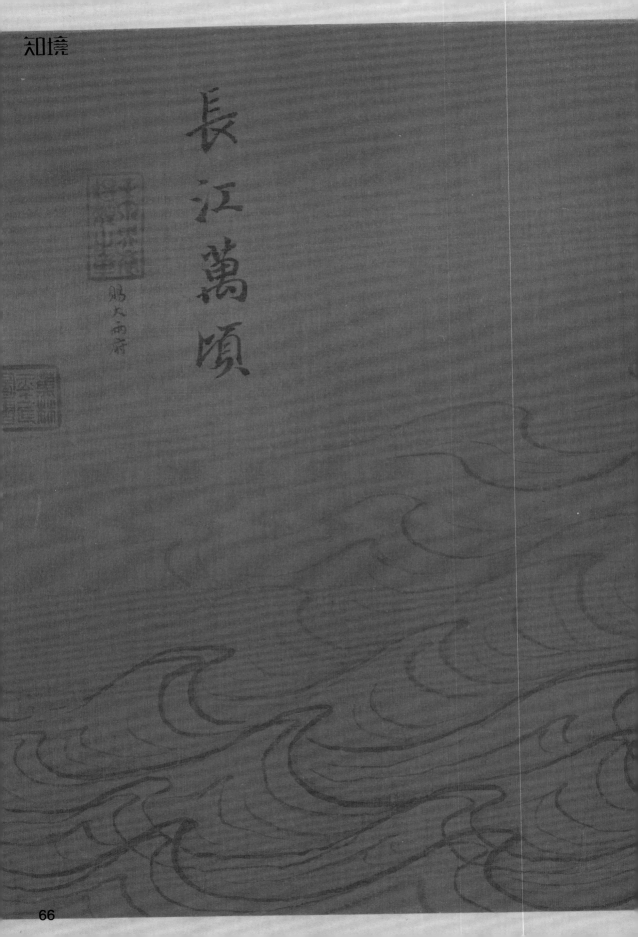

長江萬頃

賜大雨府

生生不息·循环

©南宋·马远　水图册（局部）北京故宫博物院藏

一脉相传的人居理想

Down in One Ideal of Living

汇编／《知境》编辑组

时代在变，环境在变，不变的是我们的人居理想

无论是徐霞客游记所追寻的桃花源，还是沈从文笔下的《边城》，抑或是新乡土散文作家所向往的乡土气息，从古至今，人们对人居环境的价值观和目标一脉相承，从来没有更改。好风景，好风土，好风水，好风情，是所有人心向往之的。

沈从文《边城》

白河下游到辰州与浣水汇流后，便略显浑浊，有出山泉水的意思。若溯流而上，则三丈五丈的深潭皆清澈见底。深潭为白日所映照，河底小小白石子，有花纹的玛瑙石子，全看得明明白白。水中游鱼来去，全如浮在空气里。两岸多高山，山中多可以造纸的细竹，长年作深翠颜色，逼人眼目。近水人家多在桃杏花里，春天时只需注意，凡有桃花处必有人家，凡有人家处必可沽酒。夏天则晒晾在日光下耀目的紫花布衣裤，可以作为人家所在的旗帜。秋冬来时，房屋在悬崖上的，滨水的，无不朗然入目。黄泥的墙，乌黑的瓦，位置则永远那么妥帖，且与四周环境极其调和，使人迎面得到的印象，实在非常愉快。一个对于诗歌图画稍有兴味的旅客，在小河中，蜷伏于一只小船上，作三十天的旅行，必不至于感到厌烦。正因为处处有奇迹，自然的大胆处与精巧处，无一处不使人神往倾心。

韩少功《山南水北》

庆爹家门前有一口荷塘，其实是水库的一部分，碰到水位上涨，水就通过涵管注满这一片洼地，形成一口季节性水塘。每天晚上，塘里的青蛙咕咕叫唤，开始时七零八落，不一会儿就此起彼伏，再一会儿就相约同声编列成阵，发出节拍整齐和震耳欲聋的青蛙号子，一声声锲而不舍地夯击着满天星斗。星斗颤栗着和闪烁着，一寸寸向西天倾滑，直到天明前的寒星寥落。

在我的记忆中，以前这里的民宅大都是吊脚楼，依山势半坐半悬，有节地、省工、避潮等诸多好处。墙体多是石块或青砖组成，十分清润和幽凉。青砖在这里又名"烟砖"，是在柴窑里用烟"呛"出来的，永远保留青烟的颜色。可以推想，中国古代以木柴为烧砖的主要燃料，青砖便成了秦代的颜色，汉代的颜色，唐宋的颜色，明清的颜色。这种颜色甚至锁定了后人的意趣，预制了我们对中国文化的理解：似乎只有青砖的背景之下，竹桌竹椅才是协调的，瓷壶瓷盅才是合适的，一册诗词或一部经传才有着有落，有根有底，与墙体得以神投气合。

周伟（新乡土散文代表作家）《阳光故乡路》

我看到乡村最美最朴实的风景了，我又看到了从前的乡村，小溪还是那样缓缓地流淌，悠悠地哼唱，阳光一点儿一点儿地追赶着，一路走走停停，听小溪不停地哼唱。看行云流水，看春光点点，看万物淡然……远处，有三两孩童骑在牛背上，一个个悠然自得，大声地念诵着《三字经》："……犬守夜，鸡司晨。苟不学，曷为人。蚕吐丝，蜂酿蜜。人不学，不如物……"他们的背后是绵延的大山，安宁而又平和。

陈夫《灯火》

鱼米丰饶的江南水乡很少能找见贫地恶土，只是人们会时时固执地承传家乡历来的衣钵，习惯带着沾满水露春色的脚，持着濡满霜色寒意的脸，用最原始的方式缔结友谊；习惯私隐与重复各自阡陌上那段土味十足却版本相仿的经久演绎，匆匆在灯火两端，用背后最虔诚的努力称兄道弟。以告慰世代的焦虑世代的心事，丰收又一辈子孙的喜悦又一辈子孙的乡情。

老舍《滇行漫记》

喜洲镇却是一个奇迹。我想不起，在国内什么偏僻的地方，见过这么体面的市镇。进到镇里，仿佛是到了英国的剑桥，街旁到处流着活水；一出门，便可以洗菜洗衣，而污浊立刻随流而逝。街道很整齐，商店很多。有图书馆，馆前立着大理石的牌坊，字是贴金的！有警察局。有像王宫似的深宅大院，都是雕梁画栋。有许多祠堂，也都金碧辉煌。不到一里，便是洱海。不到五六里便是高山。山水之间有这样的一个镇市，真是世外桃源啊！

文/《知境》编辑组

An Incomplete File of IP Personification Image of Water Environment in Village

一位极具个性的
乡村水环境 IP 拟人化
形象的不完全档案

我是个平凡的人，但我为不平凡的事努力。

随着美丽乡村建设的不断推进，农污治理也渐渐进入群众的视野，一个富有亲和力又呆萌的乡村水环境 IP 形象的出现，将成为政府、企业与村民之间的一位环境沟通者。

龙，自古以来民间都将它视为司雨之神，象征瑞兆。东汉许慎《说文解字》载："龙，鳞虫之长，能幽能明，能细能巨，能短能长，春分而登天，秋分而潜渊。"龙代表着风调雨顺、和谐吉祥。

恩维联合环境便以"龙"为形"龙"为姓为北控水务设计出乡村水环境 IP 拟人化形象。孔子曰：智者乐（yào）水，仁者乐（yào）山；智者动，仁者静；智者乐，仁者寿。采用"乐（yào）"为名。最终得名"龙乐（yào）"。

姓名: 龙乐 (yào)
性别: 男
籍贯: 北京
生日: 10 月 20 日
性格: 唠叨、有担当、轻微洁癖
爱好: 旅行
职务: 北控水务美丽乡村水环境使者
工作内容: 浪迹于各个乡村，传递乡村美好生活的理念。

Long Yao Time, Let Me Show You the River World of the Beautiful Village

摆好姿势，
龙乐（yào）带你了解
美丽乡村·水世界

如你所见，一枚呆萌的小可爱，我龙乐（yào）诞生了。

睁开眼睛，我看到了创作出我这个小可爱的一群人，他们是恩维联合环境的小哥哥姐姐们，他们赋予了我爱学习、爱生活、更爱我们赖以生存的环境的可爱天赋。

慢慢我又知道，还有一群北控水务的哥哥姐姐们，他们在宜兴美丽的乡村世界里治理当地的水环境，同样的，他们将从实践中得到的智慧毫无保留地赋予了我。

饮水思源，我也不能偷懒，我要把自己得到的能力跟大家分享，所以我参加了恩维联合环境跟北控水务联合出品的乡村水环境动画片。作为男一号，龙乐（yào）常常吃着盒饭熬夜拍戏，眼圈都有点儿发黑了呢。然后周末加班在《知境》首刊的科普漫画里为大小朋友们普及一些乡村水环境的专业知识。

以后我还要继续努力，为喜欢我的哥哥姐姐们创作更多节目，所以你还会在很多地方看到我呢，先不剧透了。

(˘･‿･˘)，亲们不要光顾着迷恋我啦，看节目吧。

IP 原创科普动画

记忆里的乡村

农村污水建设走过的弯路

农村污水治理的设计理念

农村污水治理的模式有哪些

如何长效智慧化运营

龙乐（yào）漫话集

IP 原创科普动画之一

记忆里的**乡村**

我是"龙乐（yào）"
我每天看见它们离我远去

夜 越来越黑
我 越来越孤单

发生了什么？
他们是谁？
他们在干什么？

清晨 他们来了
黄昏 他们离去
日复一日

他们在乡村里"叮叮当"
清水在乡村里"哗啦啦"

满天繁星洒落山间
一闪一闪
温暖着我的睡眠

从那以后
当我唱歌时
它们会跳舞

当我流淌时
他们会创作

我开始
自由穿梭在乡村每个角落

我听见
树叶上的音符
拂过孩子与玩伴
微笑的脸

我是"龙乐（yào）"

我看见
乡村唤醒生机
他们正在回归

联合出品：北控水务 x 恩维联合环境
龙乐 IP 创作：恩维联合环境
策划 & 制作：eco-youth｜环科云

知境

农村污水建设走过的弯路

农村污水治理量大面广、收集困难、治理难度大，那么在建设过程中走过弯路吗？

由于农村缺少地勘和详细的基础资料，加上人为因素的影响，造成站点不好安置，排不出水的问题。

为此，北控水务去每个村逐户现场勘探，采用适合当地特色的实施方案。在一般区域，采用以小集中加适当分户的治理模式。

在靠近市政主管网和太湖一级保护区域，采用纳管的方式，将生活污水、工业污水等所有的污水收集进入管网。

集中处理，以使水质达到江苏省的排放要求。

农水建设必须因地制宜，才能少走弯路！

IP **原创科普动画之三**

农村污水治理的设计理念

自然地理条件各有不同

随着农村生活污水的排放量逐渐增加，农村污水治理也越来越重要。但是各地的农村环境差异很大，工程边界没有红线，成百上千个村庄地质资料不全，自然地理条件也各有不同。

农村污水治理设计理念

随顺自然　　**因地制宜**

因此农村污水治理的设计理念应该尽量做到随顺自然，因地制宜。

工程边界没有红线，设计也要没有红线，最好每村一策，且全程跟随施工过程进行设计。

设计图

旅游业发达　　工业较发达

河流、湖泊沿岸　　离市政主管网近

纳管模式　　市政管网

总体而言，对于河流、湖泊沿岸、旅游业、工业较发达的村庄和乡镇，以及离市政主管网近的村庄，可采用纳管模式，将生活污水接入市政管网。

净化槽技术

使用灵活　　污水就地处理　　占地面积小

针对一些人口较为集中的自然村，采用净化槽技术，它的优势在于使用灵活，占地面积小，对污水就地处理，就地实现达标排放，而不依赖城乡管网的整体建设水平。

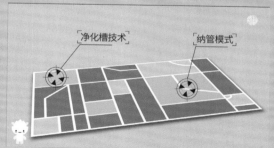

净化槽技术　　纳管模式

也就是说，针对不同地区所在的区域、位置、人口、地形地貌的不同情况，要适应当地特殊情况，因地制宜去选择合理的污水处理模式。

联合出品：北控水务 x 思维联合环境
戏乐 IP 创作、思维联合环境
策划＆制作｜eco-youth｜环科云

知境

IP 原创科普动画之四

农村污水治理的
模式有哪些

农村污水治理的模式有很多，常见的有 PPP 模式和 EPC 模式，那么到底哪种好呢？

PPP 模式能够有效地解决项目建设中的融资问题，且不会形成地方政府债务，正好满足了水环境治理和市政道路等大体量项目的需求。

EPC 即工程总承包，俗称交钥匙工程，相比 PPP 模式，具有流程简单、风险相对较小、可控性强、见效快、总投资和工期具有更大的确定性等优势。

相对于 EPC 模式，EPC + O 模式多了一个运营环节。

可以为政府进行托底的交付，让政府更省心，是一种容易得到好的效果的模式。

不管是 PPP 还是 EPC，都有各自的优势和劣势，只有放在合适的环境中使用才是最好的模式。

IP 原创科普动画之五 如何长效智慧化运营

农村污水治理有许多难点，主要有站点多、分布散、能耗高、管理复杂、专业度要求比较高几个方面。

而北控水务在宜兴总处理规模 20.2 万户，覆盖 2960 个村庄，60 万人，应用一体化处理设备 4000 台，那么北控水务是怎样做到长效智慧运营的呢？

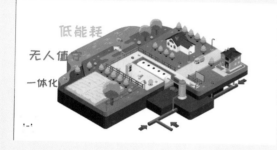

首先，采用低能耗、无人值守一体化污水处理设备，故障率低，性能稳定，无须烦琐保养维护。

其次，通过建立智慧运营管控平台和监控中心，千村万户全覆盖，智慧运营管理，信息实时上传，与政府、村民形成良好的服务协同。

集控中心 +APP 巡检，具备半小时到场能力。

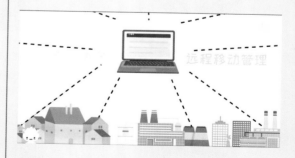

最终通过"云 + 网 + 地"模式，实现以无人值守和远程移动管理为目标的农村污水处理设施的长效智慧运行管理。

联合出品：北控水务 x 恩维联合环境
龙乐 IP 创作：恩维联合环境
策划 & 制作：eco-youth | 环科云

龙乐（yào）漫话集之一

白话PPP

老是听环保圈大咖说什么3P、PPP的，很高大上的样子，可这几个P到底是什么呀？

大家好，我是龙乐(yào)。

我来介绍一下，PPP就是Public—Private Partnership的缩写，很多水环境治理的大体量项目都会用到。

Public-Private Partnership

PPP模式都有些什么特点呢？

首先，PPP参与广度比较广，政府通过这种模式，实质上是要创造一种共赢的局面。

其次，它引入了一种分享红利的机制。PPP本身又带有一种政府支付财政预算的保障。

团结一切可以团结的力量，集中力量做好一件政府应该去做的事情。

BUT……

随着政策导向的变化，尤其是财金2019年10号文的发布……

（此处缩去小一百字）

长三角、珠三角一些财政雄厚的政府已经不再那么青睐PPP了，而是更加心仪EPC+O模式，更加地注重起运营和维护了。

看来环保也在从"效率时代"向"效果时代"过渡了呀，想想还有点儿小激动呢！

农村污水
用于灌溉好不好？

龙乐（yào）漫话集之二

机智

生活污水中含有植物生长需要的氮、磷等营养物质，用来农田灌溉不是又经济又环保？

且慢！

日常生活中的洗洁剂、沐浴液、洗发水等，含有对植物并不友好的化学成分，有时甚至含有重金属，直接排入农田，不太安全。

而且人食五谷杂粮，偶尔生个小病小痛都很正常，所以生活污水里面还可能包含致病菌、病毒、寄生虫卵等病原体，以及你吃药排出来的抗生素。

把我当成小强了吗？

大药丸

但是经过污水设施处理之后，将有害物质去除掉，只留下对植物生长有好处的氮、磷成分，污水就变成很好的浇灌用水了。

因此，农村污水处理的标准制定就很重要了。

水至清则无鱼，无花，无果，乃至无生命。

各地政府不应该一味高标准逃避责任，而要因地制宜地制定出对环境和污水处理成本都更加友好的污水处理标准。

策划＆制作：恩维联合环境

龙乐（yào）漫话集之三

农村环境
对污水有自净能力吗

生活污水不经处理，直接倒在地上或者流入河中，会有什么结果呢？

当然是经过大自然的净化处理，回到你的杯子里啊。

由于农村生活污水处理系统建设滞后，大部分生活污水都直接进入河流、湖泊，过多污染物进入水体，会打破水体原有的生态平衡，水体自净能力就会下降，甚至消失。

任何区域的水环境最大容纳量都是有限的，你们不要太过分！

水体自净能力受到损害后

造成农村社会不稳定

生态环境迅速恶化

威胁农村居民的身体健康

臭气熏天，邻里纠纷，因病致贫

小鱼小虾慢慢消失

我们排出的所有污水最后都将回到身体里

龙乐（yào）漫话集之四

那些看不懂的英文

SS BOD

&*? COD TP TN @%

TP、TN、SS好理解，是总磷、总氮和固体悬浮物，BOD是生化需氧量、COD是化学需氧量，这俩有什么区别？好晕啊。

别晕，有我在。

有机物是水中主要污染物之一，但形态千差万别，有溶于水的速溶咖啡，也有不溶于水的快递餐盒，想直接测量根本无从下手。

不过所有有机物都跟人类一样，向往着氧气，又怕被氧化。

BOD(Biochemical Oxygen Demand)指的是那些乖巧的有机物，配合微生物分解时所用掉的氧的含量。在实际检测废水时，一般采用5天作为一个周期，称为BOD5。

COD(Chemical Oxygen Demand)则是对待不好好配合的有机物们（连带着乖巧的有机物），采用强氧化剂处理水样时所消耗的氧的含量，一般用重铬酸钾法，称为CODcr。

只要分别统计下用氧量，就能判断有机物的含量了。

BOD和COD数值越高，说明水体受有机物的污染越严重……

策划&制作：恩维联合环境

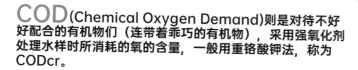

龙乐（yào）漫话集之五

农污治理的路
还有好长要走

农村污水的种类就那么几种，
洗菜刷锅水、洗澡水、洗衣服水和冲厕所水。

家畜制造的废水、农田
化肥、农药滥用、乡镇
企业制造的废水也会污
染农村水环境，不过它
们归其他部门管，龙乐
暂时管不到。

农村污水看上去成分简单，但是村里住宅都是自己
盖的，没有统一的供水和排水设施，而且农村分布
广泛，每个村庄的地理条件又都不一样，不实地去
勘测，你根本不知道将要面临怎样的难题。

城市套路深，我要回农村

农村路也滑，套路更复杂

还有在广袤的中国农村土地上，开展后期运维问题。

9,600,000平方公里，
691,510个村子……

怪不得环保界传说，想看哪里重视环保，就看哪里农村污水治理得好。

所以说呢，农村污水治理真正的大招还得看当地政府，不过据说2018年，
农村污水治理设施的覆盖率才刚22%，2019年可能也不会超过30%，其中
还有好多处于晒太阳状态。

农污治理的路还有好长要走

龙乐（yào）漫话集之六

污水治理前期规划设计时，城里和村里有什么区别？

城里设计师：
先征一块地。

村里设计师：
这2000个村都归我管……
大妈，管子从您门前走一下
好不好呀？

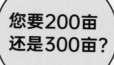 

您要200亩
还是300亩？

城里设计师：
做地勘。

村里设计师：
地形图有没有？
1:2000的？1:200000的？

要啥自行车，
就这一片啊。

城里设计师：
画画画，交底，收工。

村里设计师：
看地形，画画画，我也收工……

大妈：
你的管子埋在这里，
好像不合适呀。

村里设计师：
合适～～～

大妈：
不合适！

村里设计师：
那我改改。

大妈：
小伙子人不错嘛。

不深入农村，不能
跟农村伯伯婶婶们
打成一片，不能反
复修改施工图的村
污设计师，不是好
设计师。

策划＆制作：恩维联合环境

龙乐（yào）漫话集之七

为什么要做污水预处理

生活污水不能直接来到污水处理站点？
还要经过化粪池、格栅、滤网、沉砂池、沉淀池、隔油池、调节池……

我的天哪，要不要这么复杂？？？

当然要。

污水中常常含有一些粗大颗粒、漂浮物、难生物降解的有机物、有毒有害物、强酸强碱类腐蚀物……

你又不知道谁用冲水马桶扔掉了前男友送的戒指，谁在家做了黑暗料理。

如果不加预先处理，这些物质会堵塞、腐蚀或者磨损污水处理管道、水泵等设备，干扰微生物净化的生物代谢活动，而且，水质、水量变化不定，也会对污水处理系统造成冲击。

在农村，出户处还会设置化粪池，在化粪池中，固体物（一些不可描述的物质）可沉淀下来，不仅防止管道堵塞，而且经过微生物分解，隔一段时间还可以清掏出来做肥料使用，一举两得。

龙乐（yào）漫话集之八

为什么在农村施工必须推行标准化？

很多餐馆开一家两家分店还行，数量一多口味就不好控制了。

农污治理最核心的特点：点多面广。由此带来的困难是：缺少专业化施工团队，有时候必须雇用当地劳务人员。这跟想开分店的餐馆面临着同样的问题。

这个时候就要跟人家开封菜、金拱门学习了。

挖沟、接管子、埋管，让水往低处流。

说起来容易，但实际情况是，现场竟会铺出来两头都高的管道？？！

怎么能够保证几百上千个村同时开工，还确保口味一致且达标？

开分店秘籍：一切都要**标准化**。

北控水务自打在宜兴开展如此大规模农污项目以来，已经逐渐意识到，越是没有红线的地方，越是需要标准化。

对于现场施工的规定，他们做了一系列探索，除了制定指导手册，还要求所有施工团队，必须先培训，再实验，通过考核才能上岗，从而保证分店开得再多，口味也都在线。

策划&制作：恩维联合环境

龙乐（yào）漫话集之九

管道选择的依据

各种材质的塑料管、金属管常被用于农污治理工程。具体又包括硬聚氯乙烯管材、硬聚氯乙烯双壁波纹管、球墨铸铁管等常人叫不上名字的材料，性能各有利弊。

比如**硬聚氯乙烯管材**，化学性质稳定，耐酸、耐碱、耐腐蚀，还能抗老化……还要什么自行车，就选它了。

你要犯错误!

这种管材确实不错，重量较轻，运输方便，而且可以黏结，施工方法简单。

不过别着急，再来看看第二种**硬聚氯乙烯双壁波纹管**，很多特点与硬聚氯乙烯管材近似，但是它内外壁之间中空，而且是一种柔性管道，适用于地埋室外排污、排水管道系统。

另外几种管材有的抗冻、有的抗压、有的方便、有的就是成本低。

没有错误的管材，只有因你不了解而选错的型号。

所以选材时候应当根据预算、工期、土质、地下水位、冷冻、预埋管道的内外受压等情况全面考虑。

龙乐（yào）漫话集之十

这些警示牌的意思，你能看懂几个？

警示牌主要由图形、颜色、边框组成。

你都看懂而且记住了吗？

 总体上说，禁止标志一般是白底红框带红色斜杠的圆形。

高高兴兴上班来，平平安安回家去。为了农村污水治理，各位叔叔阿姨哥哥姐姐你们辛苦了。

 警告标志一般是黄底黑框的正三角形。

 指令标志一般是蓝底白色的圆形。

 提示标志则一般是绿底白色图案。

策划＆制作：恩维联合环境

秋风起兮木叶飞

吴江水兮鲈正肥

Exploring Business Logic in the Process of Development

在发展进程中探寻
商业逻辑

大道至简的投资法则

文 /《知境》编辑组　受访 / 马韵桐 x 徐文妹

2017 年 10 月 20 日，
北控水务集团与宜兴市政府
就宜兴市农村污水治理 PPP 项目
和宜兴市城乡污水管网 PPP 项目
正式签约并签署战略合作协议。
北控水务成功签约宜兴农村治污
及城乡污水管网 PPP 项目，
总投资额达 67 亿元。
该项目是截至目前国内最大的分散式治污项目，
真正实现了厂网一体化和城乡村一体化，
提供全面覆盖终端农户、城乡管网、市政水厂
的污水领域全产业链服务。

商业逻辑　　方向　　敏锐度

马韵桐

"环保行业能否在整个社会经济的发展中找到自己的商业逻辑，这是我们应该考虑的。"

马韵桐
北控水务集团市场投资中心 总经理
三峡合作负责人，三峡北控双平台公司负责人

延伸阅读：
《青年样 | 北控水务·马韵桐》

城市再去建这种规模的单体水厂已经很难了，大多数都是三五万吨的厂，但北控水务每年的规模扩张是三五百万吨的需求，单独靠一种解决方案，实际上不足以支撑我们的规模发展，所以，市场的敏锐度也是作为头部企业必须具备的。

知境: 北控水务的投资逻辑是什么？

马韵桐：北控水务前 10 年更多的是做单一解决方案，单体的污水厂、净水厂，实际上这也是前 10 年整个市场的主流，但是对于投资者来说，捕捉市场机会和客户痛点转变的能力是必不可少的。如今，越来越多的地区在环保考核上要求断面达标，在这种形式下，单纯做好污水厂网管线已经不够，还需要解决面源污染的问题。

从投资一个项目，转入投资一个城市、一个区域的整体水环境治理，是北控水务的投资逻辑。以宜兴项目为例，北控水务此前收购的北京建工环境发展有限责任公司已在当地做好了市政污水建设，2017 年，当宜兴市农村污水治理和宜兴市城乡污水管网两个项目招标后，北控水务发现，在一个城市从污水处理厂做到管线，做到农污，最终再做到流域，实际上正是我们最看好的一种投资模式。

另外，从实际需求上看，2009 年北控水务在深圳仅一个项目就可达到 60 万吨的规模，但现在不论哪个

知境: 为什么决定要孵化村镇业务？

马韵桐：环境问题，本质上是一个系统性的问题。

既然是系统性的问题，如果你在某方面能力有短板的话，实际上不能够满足未来客户的需求。

而整体水环境治理，离不开农村污水治理。对于村镇业务，我们自建了事业部，实际上还是希望将能力保存在集团的体系之内。

集团对村镇的定位还是比较坚定的。

黄金法则　大道至简　长期共赢

徐文妹

"我们会先扪心自问几个问题，北控水务能给项目带来什么？该项目能给社会、给当地的村民带来什么？只有满足了这两点，我们的价值才是踏踏实实的。"

徐文妹
北控金服（北京）投资控股有限公司 金融市场部总经理、市场总监

知境：为什么决定投资宜兴项目？

徐文妹：我们当时在选择的时候，也是本着比较朴素的、大道至简的几条黄金法则。

考虑资金安全。 除了研究国家出台的PPP投资模式下的一系列保障措施，同时也分析了投资的地域。宜兴毕竟属于长三角地区，而且是全国综合经济竞争力十强县。

考虑风险问题。 其实在投资领域，未知的风险才是最大的风险。宜兴市政府也基于这个项目本身的风险边际在当时是不好判断的，所以拿出了非常合理的诚意，在这个基础上，让我们更有条件本着把事情做好的原则、高质量的实施原则去投资这个项目。

除了常规的法则之外，我们还考虑到投资的溢出效应：第一，投资农村的基础设施类，尤其是关系到人居环境，关系到子孙万代生存环境的治理，这是一种修德积善的行为，也符合炎黄子孙的传统理念；第二，一个区域发展的前提是它的基础设施非常完善，而基础设施完善会带动相关的产业，其实也反哺了政府的财政收入，对我们的项目也是一种保障性的提升。

知境：宜兴项目投资目前收益如何？

徐文妹：在我看来，像农村的这种基础设施类投资，属于类固收的基金模式，相对而言保障性比较高，稳定性比较强，它不是靠资本升值，而是靠时间慢慢地将本金和收益从整个投资效果显现的过程中予以回收。

目前，国家出台了一系列环保方面的政策。2018年，江苏省也出台了环太湖流域污染整治的一些具体标准，证明整个江苏省对于环境保护、对于推进城乡一体化的环境治理是非常重视的，而且政府做PPP项目，本身也是为了引导社会资本达到共赢的状态。

我们认为宜兴投资是非常成功的，而且现在也开始出现效果。

ZHI JING

©当人居其想照进现实

Dry Landscape Pays More Attention to Artistic Conception

枯山水在形，更在意

文/《知境》编辑组

《知境》MOOK 制作过程中，我们探访了很多污水处理站点，看到枯山水、田园风等几种设计为各家取用较多。其中枯山水风格站点的布置，因其低投入、少维护的经济性为很多企业看重。我们将从追溯与原理角度专业介绍枯山水设计美学，以为此类风格污水处理站点提供参考。

> 枯山水以石代山，以砂代水，以自发生长的青苔代植物，避免了水体的变幻莫测和花草的交替荣枯，是一种追求美的凝聚和永恒，崇尚古雅幽静和闲寂简朴的造园手法。

追溯源头

从汉代起，日本就开始跟中国交往密切。园林尤其受唐宋山水画的影响，但结合日本的自然条件和文化背景，形成了它的独特风格并自成体系。

中国古人向往的神仙术之一，缩景术，其观法即是"以大观小"，缩千里于盆池，在汉代，山水盆景、盆石、碗峰之类，就已经比较流行了，这是枯山水的基因之一。

日本平安时代（公元 794 ~ 1192 年），被称为造园秘传书的《作庭记》第一次记录了枯山水一词，书中提到，作庭者需要依从和响应自然而成的地形、岩石等。

镰仓时代（公元 1192 ~ 1392 年），禅宗传入日本，禅宗的观法要求跳出时空看问题，在一种高度上看，在一个大的时间跨度上看。如在太空看地球，会发现这个世界是静止的，江不流，云不动，没有人，不喧嚣，非常

美学作品的价值高低，就看它能否借极少量的现实界的帮助，创作出极大量的理想世界。

——现当代著名美学家朱光潜

◎枯山水常常让人联想到"佗寂"一词

安宁。一看千里，一看千年。

日本园林也随之开始采用常绿树、苔藓、砂、石等静止、不变的元素，营造枯山水庭园，在禅宗寺庙中出现了"石立僧"的庭园景观，园内几乎不使用任何开花植物，以期达到自我修行的目的。

与禅宗一起传入的还有禅林文学和唐宋水墨山水画，它们对枯山水风格的确立，也产生了深远影响。

禅宗在室町时代（公元1392～1491年）十分兴盛，凝聚了禅宗思想、山水画精神的枯山水庭园也随之发展到巅峰。

战国时代（公元1491～1603年）战乱频发，庭园作为城郭的后方、藩主的别府，与城池一同建造，常以雄壮的石组作为要素。

发展到江户时代（公元1603～1868年），幕府政权下，各地大名争相建造庭园，枯山水和茶庭"露地"被巧妙调和，演绎出更加丰富的内容。

明治维新后（公元1868至今），许多大名宅邸和庭园被破坏，实业家们新造的庭园开始采取"和洋折中"的形式，不过仍有一些坚持和风造园的作庭家，如重森三玲（已故）及其后代等人，继续在这一领域钻研。

◎时空意识、留白表现、省略笔法，是禅宗水墨画的灵魂所在，也是枯山水的精神空间

每块石头都有生命，都有正面和背面。

——日本国宝级枯山水大师枡野俊明

构成与法则

枯山水的主要构成要素是白砂和石头。

白砂可使环境显得更加洁净，还有防止杂草蔓生的作用。
白砂起初被用在禅院内，每天必须用扫帚将尘土、落叶清扫干净，这是一种维持至今的名为"作务"的修行。渐渐地，人们心仪清扫后留下的砂纹，于是，日常的清扫劳动变成了专门的设计与制作，形成现在的枯山水砂纹。

石头也是不可或缺的元素，隐喻山川岛屿，根据摆放位置的不同，代表不同事物，比如蓬莱岛、鹤岛、龟岛、须弥山、三尊佛等。山上或地下采集的原石，更有棱角，称作山石；被河水冲刷钝化了的，称作川石；有贝壳附着，或被海水侵蚀，称作海石。
单纯表示石头形态时，有立石、横石、伏石、平天石等叫法。

砂纹
砂是表现水流的基本元素，庭园中的江河湖海甚至是宇宙，均由砂纹所形成的几何图形表现。

涟纹

可分为直线和曲线两大类。直线表示江河、大海平静的水面；幅度很小的曲线表示平静但稍有涟漪的水面。

涡卷纹

漩涡代表禅宗中的"大宇宙""绝对真理""悟的世界"，主要有漩涡纹、大漩涡纹、水涡纹、圆涡纹、右涡纹、左涡纹、吞噬涡纹7种。

波纹

有蜿蜒波纹、纲代波纹、曲水波纹、片男波纹、流水波纹、海波纹、菊水波纹、青海波纹、汀线波纹、大波纹、立浪波纹、山波纹12种。

蜿蜒之处代表大小不同的波涛，根据波涛汹涌程度、形成原因分为上述12种不同波纹。其中青海波纹象征平静的大海，是海的恩惠的象征；纲代波纹则由竹编图样发展而来。

蜿蜒波纹

纲代波纹

曲水波纹

片男波纹

流水波纹

海波纹

菊水波纹

青海波纹

汀线波纹

大波纹

立浪波纹

山波纹

漩涡纹

右涡纹

水涡纹

左涡纹

圆涡纹

吞噬涡纹

漩涡纹

大漩涡纹

其他纹理

如井格纹、观世水、狮子纹、市松等。

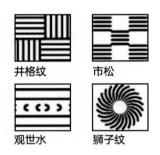

井格纹　市松

观世水　狮子纹

白砂还可堆成沙丘之岛，寓意理想之境地。

这些砂纹组合在一起是什么样子呢？我们欣赏一下著名造园师、僧人们创作的砂纹吧。

石组

枯山水中的石，通常隐喻山川岛屿，也有个别情况，如日本现代庭园重要人物重森三玲创作的东福寺龙吟庵方丈庭园中的石头，代表在云海中翻滚的巨龙。

佛教寓意的石组包括：三尊石组和须弥山式石组。

三尊石组：外形上模仿三尊佛像，中间高一点儿的主石叫中尊石，左右低矮的石头叫胁侍石。

须弥山式石组：中央放置象征须弥山的高石，四周配置表现九山八海的石组集合。

吉祥寓意的石组包括：七五三石组、鹤石组、龟石组。

七五三石组：三、五、七为阳数、奇数，这三个数字的和为十五，亦是阳数、奇数，因此三、五、七在日本被认为是十分吉祥的数字，也是造庭常用的石块数量。

鹤石组、龟石组：寓意长寿的石组。

鹤石组有6块，一头、一尾、两翼、两足。但大多数是抽象的表现，往往无法一眼辨识出来。

龟石组有时只用一块石头表示海龟，也有组合六尊矮石，按龟首、龟足、龟尾的形式构成。

风景石组包括：泷石组、石桥石组。

泷石组是使流水呈现瀑布状的石组，石组中有保护水流的不动石，使水花飞溅的水受石和水分石等。常与鲤鱼石成套配置，

◎削减到本质，但不要剥离它的韵意

◎保持干净纯洁，但不要剥夺生命力

表达鲤鱼跃龙门的寓意。

石桥石组由板石、桥石、连接石、桥脚石、桥挟石等组成。

立石

将石头布置于庭园中，叫作"立石"，立石的关键在于让庭中的石头好似拔地而起，给人刚劲之感。

第一步：石头正反面的判定

枯山水中使用不经任何加工的自然石，一般来说，看起来最大的一面为正面，而凹处很多，石块显得较小的则为反面。

第二步：深埋

即使石头正面看起来厚重，但如果深埋做得不好，也会给人不稳定之感。

深埋做得好，会让人觉得石头地下部分巨大，给人以挺拔稳重之感。

当多种石块组合时，如三尊石组，正中的石头最高，两侧石头较矮，整体形成一个巨大的三角形石山，赋予石组一种扎根于地的安定感。

石径

庭园里间置的不规则石板，供脚踏用，用以更好地展现空间之感。

竹篱笆

主要用作围屏。原材料除了原生竹之外，近年来铝制和塑料制人

◎通过人的联想和顿悟，赋予景色以意义

山水并无特质，
特质在于人心。

——日本临济宗高僧、
作庭名家梦窗疏石

◎能画一枝风有声，暂伴清风和明月

工竹也因其不易腐烂等特性被广泛应用。

借景

枯山水也讲究借景的手法，将周围好的景色组织到园林视野内。庭园内外是两个完全不同的世界，竹栏之外一年四季树木枯荣、海水涨落、春华秋实，竹栏之内，山水定格，千年不变，具有哲学思辨的意味。

观看之道

枯山水不单是一种表现的艺术，更是一种象征和联想，通过石块的排列组合、白砂的铺陈，加上苔藓的点缀，抽象化为海、岛、林等意象，使人由小空间进入大空间，从有限进入无限。

了解了枯山水的基础知识后，观枯山水通常有两种反应，一种反应是，"见山是山，见水是水"，看到石头苔藓，就能看到崇山峻岭，看着眼前带纹路的砂石，就能看到一望无际的汪洋。

许多庭园的题材都有参考水墨山水画的布局、留白、立意等画理，因此，在这一境界上，观枯山水要像欣赏绘画一样去欣赏，而且欣赏的角度也十分重要，站立着、坐着，从房间内、从空旷处欣赏，都会形成多种多样的画面。

另一种反应是，认为砂石所呈现的山水比真实山水更加宁静，至于枯寂，这也是认为枯山水不同于其他庭园的原因。

妙心寺退藏院第 20 代副住持松山大耕认为："枯山水的美感主要体现在静止上，不管四季如何变化，它始终不变，没有华丽的修饰，没有一丝多余的杂质，就像修行，不因外物变迁而有所变化。"如他所言，"静寂"，是观枯山水的另一重感悟，在快节奏现代社会中，静静地与枯山水相遇，也可提醒人们，无须逃离日常的喧嚣，在日常生活中保持心灵宁静，正是一种修行。

还有人观枯山水，可体会其"永恒的刹那"或"刹那即永恒"，这正是禅对于时间神秘的领悟。

归纳来说，枯山水是一种庭园艺术，也是一种抽象的表达，如果能在枯山水中见自己、见天地和见众生，料想你在每一日的生活中，都能见到自己的本心吧，甚至带给别人安心。

◎北控水务已在某些站点借此美学意境落地

The General Trend or Harder than Climbing up onto the Sky?

农村水环境治理
大势所趋，还是难于登天？

文 /《知境》编辑组 受访 / 张斌

找到最适合农村污水治理的道路，
这是我们不敢保证的，
但在最困难的时候，
我们将自己全部投入进去了。
我也相信，
有足够的政策支持，足够的资金投入，
以及对社会产生足够的价值，
这件事一定会形成完善的体系，
因为，方向是对的。

功成不必在我，
功成必定有我。

张勇
北控水务集团村镇事业部
总经理助理

© 思维创作

农村的事很难，很苦，但也很有趣。我将从政策、社会效益、行业价值、商业模式四个方面为大家讲一讲北控水务村镇事业部正在摸索的农污治理之路，期待大家与我们合作，一起聚力。

首先要从政策的角度讲，我个人认为这是整个环保行业的基础。做环保不像建工厂，建生产线，做出来产品就能获得收益。环保这件事如果没有政府或者政策去命令它，没有人会主动去做，它是成本。

所以环保实际上是社会对于民众的一种公共道德责任，但这种责任是不能够靠自发或者商业行为来达到效果，必须依靠政府代表所有的民众来提出要求，这是强制性的要求。

为什么现在要做农村治污？

因为农村是整个社会将来发展的一个方向。

2005 年，习总书记在视察一个叫余

村的地方时，第一次正式提出来，"绿水青山就是金山银山"。这其实表明了，我们在农村做环境治理，和在城市做集中式的环境治理，意义不同。

因为城市人口聚居，产生的污染集中，所以需要削减对环境污染物的排放。但是在农村做环保，除了同样削减污染之外，还会带来另外一些很重要的影响，比如提升农村现有生活环境的基础服务水平，而这种提升所带来的不仅仅是单纯的环保效果，实际上还会对农村的整个生活方式，甚至还会为将来农村与城市之间的需求结合带来巨大可能性。

从"两山论"的提出到十八大的"美丽中国"，再到十九大的"乡村振兴"，我们在国策层面是一脉相承的。

所以我们必须从社会发展的角度来看农村治污这件事。改革开放 40 多年来，人员的单向流动，造成了农村很大数量的留守儿童和空巢老人，甚至

◎门前是收获后的土地和踏实的满足

造成很多家庭割裂，这种普遍的伦理性问题对整个社会的负面影响将是长期的。

一方面，环保可以解决农村基础设施服务，带动农村环境的转变，提高农村居民的获得感；另一方面，可以带动城乡之间的互动，把城市的消费甚至一些资源转移到农村，缓解原先所谓城乡二元化带来的割裂，促进城乡融合趋势的出现。

所以从整个社会层面来讲，农村治污实际上是一种平衡和反哺，毕竟没有农村，没有农民的付出，我们吃的东西，一些基本的生活都将失去保障。

从社会效益的角度谈美丽乡村建设

这里的社会效益，不只针对农民，还包括农民和市民在内的整个社会的共同效益。

"农村基础设施建设和污染治理，其真正目标不仅仅是为了农村漂亮，而是为了振兴乡村，带动外来的资源、人员、资金等进入到农村，我们认为这才是它的真正价值。"

——张勇

城市是聚居的，人在楼里面就像鸽子笼一样。但是农村不一样，每一户都具有很多的环境资源可以利用。随着农村基础设施的发展，可以开发各种针对市民的消费方式。

所以，农村治污的社会效益，对于农民，可以增加他们在本地的收入；对于市民，可以丰富他们的生活体验。

美丽乡村，不只是给现在的农民建设的新农村，也是给整个社会建设的新农村，它是为整个社会打造的，涵盖农民和市民，

这才是农村治污的社会效益。

现阶段农村治污对于行业的价值

建设美丽乡村，振兴乡村经济。在农村除了环境整治，村域经济也是国家迫切需要发展的。

从行业模式来讲，环保产业将来可能成为农村经营性行业发展的一个重要的参与方，例如环保公司参与养殖产业，农民保证养殖达标，我们来保证环保达标。

环保和产业的结合是农村将来很有可能出现的一种模式。我也相信，会有更多人开发出一些在农村普遍适用的、能够产生价值的业务模式，也一定会有水务公司能将经营逻辑打通，实现从原先的这种 B to G 兜底逻辑，向真正市场化转型。

从服务逻辑连接到经营逻辑，如果能够打通这个模式，将农村包括废弃物在内的资源通过某种模式转化成可以经营、可以商业化的产品，一定会获得巨大的资金投入和发展。

所以对于环保行业来说，能否在改善环境的同时，在当地形成一种可普遍发展的模式，需要环保行业经营逻辑的改变，这也是农村可能给环保行业带来的机会。

只属于农村的商业模式

农村是一个庞大的市场，存在很多可能的方式。未来真正的商业模式是什么样的，谁都不清楚，但有一点可以确定，它一定跟城市现在的方式完全不同。

除了具备这样的意识外，还需要一套非常适合农村的办法，实际上我们一直处在这种痛苦的摸索之中。

首先，要培养出一支适合在农村开展工作的队伍。传统的设计院、工程公司、施工单位，如果不真正深入地去研究农村，想直接就来干活的话，根本不行。所以将来不管什么商业模式，一定得形成一支真正能在农村战斗的团队。

现在包括阿里在内很多公司都想进入农村，但为什么他们都没办法快速进入？

因为农村根本的特点就是点多面广。以宜兴为例，3000 多个村分布在约 2000 平方公里的土地上，需要一个什么样的组织和团队才能够覆盖这样的市场？铺设、覆盖农村的服务网络，成本非常之高，而且农村因为消费能力限制，还不可能在短期内给企业主体以大量收入回馈。

现在我们用 PPP 方式做农村污水治理，实际上是在为将来建立一个能够覆盖整个农村区域，覆盖每村每户的服务力量，而且这个力量是线上线下配合的。

我们在每个村都有实体站点。仍然是因为农村点多面广的特点，这些站点必须应用物联网覆盖。与此同时，站点又是实体的，还有电的接入。在运营维护的时候，每个村的站点都要维护，运维人员最多不会超过一个月就能将所有的村庄巡检一遍，甚至具体到每个我们想接触的农户。所以在农村，通过污水处理站点，我们形成了真正有节点支撑的网络——一个覆盖农村的服务网络，线上配合线下。

在此基础上，很多适合农村的业务都可以导入进来，

"别看我们农村业务土，农村业务从一开始就得将无人值守、远程控制、线上线下等智慧化物联网方式全部实现，而这其实恰恰为我们提供了覆盖农村的机会和基础。"

——张勇

◎金黄和蔚蓝，同是属于秋天的颜色

比如，利用我们的站点在农村布 5G 站点等，合作空间非常大。

只要我们覆盖的用户足够多，市场就能开发出各种各样的需求，这都是会自然生长出来的东西，只不过在初期阶段覆盖很少的时候，并不容易看出来。

我也认为，覆盖农村的网络如果单靠某个企业单独布局，谁也负担不起，成本太高。但合在一起，价值就会显现。

农村有着很多有趣的未来，现在想象不出来。

这是我们正在探索的道路，也是为什么我们做项目做得这么苦，大家还觉得农村很有趣的重要原因。

"不仅是人改变环境，其实环境也改变人。"

——张勇

特集·模式

Yixing, Jiangsu, Pattern Is Now being Exploring

江苏宜兴， 探索一种模式

投融技建运全链条管家能力展示

文／《知境》编辑组　受访／黎学军×陈德明×□□□□□□×□敏×□□□

宜兴模式是一种探索，一种进程，
是因地制宜，自然而然的成果，
基于对自然规律的尊重和理解，
这里有一帮人，
有经有权，执经达变，
他们观乎天文，以察时变，
他们也想观乎人文，以化成天下。

总处理规模：20.2 万户，60 万人，2960 个村庄
项目形式：全域打包、产业合作
项目范围：宜兴全境 2960 个村庄，涵盖太湖一级保护区、水源地
保护区、山区和河网区域
处理工艺：纳管、小集中、分户综合
项目特点：城乡一体化，厂网一体化，投融技建运一体化，与政府
全面合作

黎学军
北控水务集团南部大区
副总经理兼总工

陈德明
北控水务集团宜兴项目公司总经理

张勇
北控水务集团村镇事业部
总经理助理

史春
北控水务集团宜兴项目公司
副总经理

沈敏
北控水务集团宜兴项目公司
常务副总经理

易中涛
北控水务集团宜兴项目公司
副总经理

知境：你怎么看待江苏环境市场的开放度与竞争格局？

陈德明：

要求高

江苏省出台了《村庄生活污水治理水污染物排放标准》（DB32/T 3462—2018），排放要求非常高，一些地区在此基础上又进一步提升了要求，这些都对污水处理企业提出了挑战。

如何能够有效地保证达标排放，同时又能够有效地控制成本，提高污水治理的经济、社会效益，这是每个想要进入江苏污水治理市场的企业必须面对的挑战。

竞争激烈

作为经济发达省份，江苏省一些县市甚至达到国际先进水平，在环境保护认知方面，地方政府的认识也有了大幅提升。

水务企业能否适应江苏省在污水治理方面的高要求、高标准，并与地方政府达成共识，不管对于已扎根的企业，还是新准备进入者来说，都不啻于一种挑战，竞争都会更加激烈。

引领

环境环保产业实际上具有经济梯度的内涵，形成了从经济发达省份到中等发达，再到偏远地区的梯度。

在江苏省做好环保产业，能够对全国起到示范作用，同时也会推动环保产业的升级发展，更进一步推动环保企业自身的发展。

◎朱楼隔着绿柳，水面映出了谁的倒影？

知境："厂网一体化"对区域水环境治理以及运营商的价值有哪些？

陈德明：

人们常常发现，即便一个地区的污水处理厂标准定得很高，出水质量也很好，排放也达标，但当地主要的河流湖泊污染却没有出现等比例下降，甚至污染物还会增加。

业内人士逐渐意识到，面源污染是污水治理过程中不可忽视的另外一个因素。那么面源污染应该怎么治理呢？应对农村的面源污染和城镇初级雨水的污染，专业人士会有一些不同的思考和对应措施。

以位于江苏南部、太湖西岸的宜兴市为例，县域面积约 2000 平方千米，3000 多个自然村落分布其中，如果能将农村污水从源头处理好，避免对水系和自然水体的影响，另外将太湖河道两侧农户的污水和一些重点发展工业企业和旅游业的乡镇污水通过纳管的方式引入污水处理厂，将会有效切断大部分的面源污染，控制入湖河道的水质。唯其如此，才能全面提升太湖的水质。

对于区域来说，通过厂网一体化，污水处理厂能够将水多的调剂到水少的泵站，有效避免污水外溢。

对当地村民来说，会切身地感受到人居环境得到了有效的改善。在北控水务已经做好站点的村庄，村民明显的感受就是"苍蝇少了、蚊子少了，臭味少了"，这也是宜兴市政府花大力气来做农村污水治理的一个重要原因。

对企业来说，厂网一体化能够让企业清楚地知道哪些污水已经被接进污水处理厂，水量有多少，水量季节变化特点，从而提高污水处理厂对进水的源头控制，进行水量合理调配，提高污水处理厂的运行效率，保证出水高效达标。目前北控水务在宜兴推行的厂网一体化工程，由于具备比较先进的综合区域管理经验，借助信息技术、物联网技术，将会更加有效地管理到这些站点和泵站，从而提高企业自身的处理效率。

与此同时，能将整个区域产生的污水大部分有效地收集或就地处理，也是北控水务为社会服务的一个根本出发点。我们到一个区域，就是希望为该区域处理更多的污水，这样对于我们来说不仅实现了集团的目标，让政府放心，百姓也满意，而且企业会因为处理量的增加，最终实现处理效率的增加。

◎仿佛可以听到竹子拔节的声音

"碰到很多困难的时候，我会到我们污水厂好氧池的尾端去站一会儿，因为在那个地方可以闻到泥土的芬芳。"

——陈德明

知境：如何看待 EPC+O 模式？

易中涛：

农污治理最终结果还是要实现绿水青山。对污染物的消除率、排放的达标率，才是最核心的着力点。不过目前市场上单纯做设备、做工程、做设计的公司，很少有人敢站出来拍着胸脯说"我对结果来完全进行托底交付"。

做环保不是一锤子买卖，环保企业本质上不是建设一个项目或者提供一套装备，而是要为甲方提供稳定可靠的环保达标服务。

在此之前，甲方招标常常看价格，价低者得。现在甲方招标要看服务，提供持续的达标服务承诺，成了必要条件。所以我们认为，采用 EPC + O 模式，为政府做托底交付才是最好的模式。

> "有水的话，我觉得就代表一种兴旺吧。"
>
> ——易中涛

◎遍野的芦苇荡随风摇曳

知境：什么是宜兴模式？

张勇：

宜兴模式到底是什么？其实现在我们也很难完全地总结出来，它还在一个孕育变化的过程中，但是我觉得它跟以前做的事情有很大的区别。

首先，它规模大，投资大。之前的治污方式，大多按照专业分割，即设计院做设计，施工方做工程总承包，设备方提供设备，最后委托第三方运营，但是产生的问题和后果是，除了政府，没有一方对最后的总效果负责。

宜兴作为一个新模式，通过全域覆盖 3000 个村庄的 PPP 方式解决整个区域的农村建设，我们可以全面统筹投资、设计、建设、设备，到将来的运维。这也是现在我们给政府做解决方案时提到的最重要的一点，我是负长期责任的责任方。

其次，全链条动态管控机制。村污项目不能按照传统的方式，先征地，做好地勘，然后设计院画图，每一根钢筋、混凝土都描述得非常清楚。到农村我们发现两个最大的问题：第一，农村基础资料缺失，2000 平方公里 3000 个村，别说地勘了，村里的正规地形图都不全。第二，人为因素的影响。在农村，基本上除了道路中间的土地，其他都是村民自己家的宅基地或者自留地。如果村民不同意我们的管道从这里经过，那就只能改变路线了，因为这种随时的变化，必须施行全链条动态管控的机制。

最后，由于几千个村庄分批展开，各个批次的设计、建设、安装、调试、运维阶段都混在一起，不能按照大项目的时间节点来管理，必须施行全流程管控。

另外，农村点多面广的核心特点又带来两个难题，一是管控的困难，二是农村没有像城市的这种专业化的施工团队。

这都要求农村治污首先需要具备一套统一管理的标准化模式。从设计导则开始，到施工管理的规范，到主要材料、主要设备的技术要求，到供应商的体系管理，到建设过程当中的施工管控和流程，最后到验收和运维，在我们宜兴建立起一套标准。

通过这些方式让各个环节的质量基本达到标准化的水平。

最后，农村的管理一定要用到最先进的智慧管控。

成百上千个村庄，如果不使用智慧的管控方式，根本无法进行有效管理。我们正在不断更新智慧管控平台，用各种各样的方法去应对上千个不同情况。而且我们也在做互联网管控体系的升级，促使它往更前方覆盖。

这是在标准化的基础之上，采用个性化的应对方案，必须要走的路。

虽然现在很难特别系统地总结出宜兴模式到底是什么，但是根据初步探索，我们认为它应该是从项目前期的投资策划、商务阶段，到方案设计、建设管理，一直到运维阶段，进行全过程管理的一套模式。

"在管理上，一定要打破原来的所谓分阶段专业管理。我们为这种能力定义了一个形象的概念叫管家，管家本身并不专门做某一项工作，但是它能将所有专业的内容统筹起来，让它们达到很好的综合效果。"

——张勇

◎柳枝垂腰顺风抚着水面

知境：农污运营与城市排水管理有哪些不同？

沈敏：

农污与城镇污水的区别在于数量级的差异、稳定性的差异、管理成本的差异，对农村污水治理来说，运营将是非常大的挑战。

农污的特点：采用小集中处理工艺的村庄，水量少，水量水质波动大，系统规模小，抗风险能力小；纳管村庄，主要面临农村排水系统缺失，雨污合流风险；另外，管道的连通可能导致低地易涝，雨天水量大增的风险。

这都要求农污运营必须依靠信息化手段，更高效精准的自动化控制平台，同时配套更快速高效的专业化管护队伍才能做好农污运维管理。

在运营阶段，加强管护保护好设施，收集处理讲究实效，坚持长效管理，积累完善标准化管护机制，培养专业化队伍，寻求更加高效的模式，推广全国，发挥示范作用。

"农民应该和城市居民享受同样的公共服务资源。"

——沈敏

知境：如何诠释北控农水"宜兴模式"的价值？

陈德明：

我想引用李力总的话来阐释这个主题：

"宜兴项目就像一个大本营基地，必须具备：
首先，开创性。
其次，完成好项目，积累经验，建立起自己的标准和模板。

©仰头而看，建筑之美

"我们做水的一个终极目标，就是要让生命之源更适合于生命的成长。"

——陈德明

其三，向外输出标准和模板，在技术思路、建设人才、管理模式等方面进行输出革命。"

从技术模板和建设施工模板上来说，我们现在拥有了一定的经验积累，慢慢感觉有底了，但是在信息化和运维方面，还需要检验。我们在努力做好。

"我们工作的好坏，影响到百万陶都人民的切身感受。"

——沈敏

知境：宜兴在农污治理中走过哪些弯路？

沈敏：

农村治污与传统大项目不同，必须因地制宜。

2017 年，北控水务开始宜兴农村污水治理。

11 月份，第一批村庄正式进场，当时采用了传统的按图施工的实施方式，按照计划图纸，以分散净化槽的方式施工建设。实际过程中发现，由于农村缺少地勘和详细的基础资料，所以设计图纸跟实际情况在工程上会有比较大的差异，同时还有人为因素的影响，造成站点不好安置，排不出水的问题。

看到这种情况，相关领导暂停了项目实施，并重新思考，"要根据农村的特点，因地制宜采用适合宜兴的实施方案"。

2018 年年初，宜兴在下大雪，集团的村镇事业部、技术中心、投资中心、建管中心和项目公司、设计人员以及现场管理人员，开始逐村逐户踏勘，做调研分析，并结合之前的实际实施情况进行设计方案优化，最终确定了以纳管、小集中和分户相结合的治理方案。

考虑到太湖一级保护区域对污水全收集、高标准治理的需求，在该区域主要采用纳管的方式，收集包括生活污水、工业污水等所有的污水进入管网，集中处理达标。

而在一般区域，采用以小集中加适当分户的治理模式。

找准适合农村的实施解决方案很重要，方向错了的话，越走可能问题越多。

现在很庆幸地说，在集团和当地政府的支持下，我们找到了正确的方向。

"没有前人铺好的东西，全都要靠自己蹚，他们（宜兴）现在每一个专业小组，都蹚出了一条路，这才是我们能够存活到现在的原因。"

——张勇

知境：怎么理解农村施工没有红线？

史春：

农污项目本身的工程边界不确定，没有红线，施工过程没有围挡，是一种开放式的工程。这种工程有利有弊，从困难的角度说，因为所有工程的实施均暴露在村民的眼睛之下，会被很多人监督，万一做得不好就会被投诉，这是它困难的一面。但积极的一面恰恰也在于此，多人监督倒逼北控质量、进度管控能力的提升。

从设计角度讲，没有红线的概念，更多是指设计要跟随着工程的进展随时修改。一条管道在铺设过程中，本来设计从某农户门前经过，可能因为种种不可预测的原因，比如无法说服农户在其门前施工，管道不得不临时转向，转从农户屋后绕道经过。

对于农污规划设计团队来说，开始设计出一个初稿，但在过程中随机随时地改变，这种改变的频率是非常高的。

目前，宜兴项目全部采用全过程跟随式设计，在过程中边施工边设计，这是没有红线导致的一个必然的结果。

- -

知境：没有红线不等于没有标准，能否分享一下北控水务在农水治理过程中形成和应用了哪些标准化体系？及其取得的运行效果？

史春：

2017年10月20日，北控水务集团与宜兴市政府就农村污水治理PPP项目和城乡污水管网PPP项目正式签约并签署战略合作协议。

◎成熟季节，树上的柿子像挂着一个个小灯笼

2019年12月1日，住建部发布的《农村生活污水处理新技术标准》正式施行，标准中包括总则、术语、基本规定、设计水量和水质、污水收集、污水处理、施工验收、运行维护管理等内容。

不过在此之前，北控水务在宜兴开展如此大规模农污项目以来，已经逐渐意识到，越是没有规范的地方，越是需要标准化。

因为覆盖面积非常大，施工过程不可能依靠流水作业，需要平行开工，这就要求参与施工的班组和队伍数量特别之多。

之前没有这么大规模的时候，困难还没有凸显出来，但在宜兴项目中表现特别明显，开

◎站点也成为乡村一道风景

◎站点：你瞅啥？
龙乐（yào）：瞅你咋地

始不久就发现施工质量参差不齐，质量的离散度极大。

该项目的农村污水实施范围及实施内容为：2948 个自然村污水收集处理设施的新建及运营维护，150 个村庄已建污水处理设施的委托运营维护。这个巨大的数量，如何才能够保证每一处施工都在同一质量标准之上？

我们思考，像肯德基、麦当劳这种快餐店连锁店，为什么能在世界各地发展起来？就是因为不管在一线城市还是三线城市，它施行的标准基本上是统一的。在宜兴，我们也必须让农污治理的各项标准统一起来。

施工过程中，北控水务村镇事业部在技术、工艺、材料的选择以及施工措施方面，逐渐形成了统一的农村污水治理技术导则：《宜兴北控项目建设安全生产管理手册》《宜兴北控项目工程管理制度》《宜兴市农村污水治理 PPP 项目技术控制原则》《宜兴北控项目污水工程验收手册》《宜兴北控项目农污建设采购要求与技术标准》等。

2018 年 11 月 30 日，宜兴市公共事业局发布通知并组织其质安站、全市农村污水施工单位、监理单位、审计单位等约 60 人参加由北控水务实施的农村污水标准施工推荐会，观看了标准施工视频，并到现场学习观摩。

按照一套标准执行下来，即便同时施工的村庄多达几百抑或几千，我们也能够做到效率高，速度快，成本低，且同时实现产出质量的高度一致。

知境：大巧不工，北控水务在宜兴采取了哪些因地制宜的措施？

史春：

农村治污标准比较新，不像污水处理厂，红线以内自有完整的规范体系和标准。在农污具体施工建设过程中，因为不同的村庄具有不同的地形、不同的自然环境，需要因地制宜地选择不同的工艺和措施。

尤其在宜兴，素有"三山二水五分田"之称，是典型的长三角区域地貌。而在山地、沿河等复杂地形上进行管道铺设，难度非常大。

©落日余晖下的村落

施工过程中，项目组发现，太华镇属宜南低山丘陵地带，很多村庄都在山上，地下密布着比较坚硬的岩层，施工难度和成本都比平原地区高。

而在临河村庄，有些农户住宅前靠老街，背后临河，没办法采用常规办法铺设管道。对此，项目组研究决定，采用沿河架管的方式收集污水，这种方式需要趁枯水季节，在河床上打基础支墩，架设一根管道，将污水直接纳入管道集中收走，难度比普通方式高出好多。

宜兴市委书记沈建在现场察看之后，对项目组的付出给予了高度肯定，称赞北控水务在宜兴项目中充分体现了企业的社会责任和担当。

另外，从工程管理角度来说，农村治污本身有别于传统的红线工程，需要投入大量人力，对管理人员的数量和能力要求都比较高，在管理方面做出调整，也是一种因地制宜。

这些都可以归纳为一套成体系的管理办法，而方法论一旦形成，在应对不同区域、不同地理环境的时候，就会比较容易地应用上去了。

◎隐匿在众茶叶之后的一枝茶叶

知境：在宜兴项目管理过程中，北控水务从哪些方面保证管道铺设的质量？

沈敏：

在宜兴项目管理过程中，北控水务严格按照《给水排水管道工程施工及验收规范》进行施工验收，以确保管道铺设的质量。其中三点在农污建设工作中特别重要：

严控标高。只有这样才能保证污水的有效收集，不积水，不倒返水。

做好管道的回填工作。中粗砂护管、原土回填等严格按照设计要求实施，确保管道以后在受到荷载时也能够安全运行。

做好路面的修复工作。坚持按原样修复，甚至修复得比原来的路面还要好，这样才能保证工程质量，才能得到村民的支持。

知境：项目建成后，如何避免"晒太阳"现象？

沈敏：

良好的投入产出机制。
与市政水务相比，农污建设期投入成本大，运维成本也大，利润不高，但要保证有一定的收益才能良性可持续运转。

要有足够的专业运维人员。
运维工作是一项技术活，尤其要保证出水水质达标，就必须有足够数量的专业化运维人员来保障这项工作。

要配置专业化的运维工具。
俗话说"工欲善其事，必先利其器"，好的运维工具设备，譬如吸污车、管道 CCTV、QV 镜等，能让运维工作事半功倍。

政策支持。
除了最基本的人力、物力条件外，还有一条也至关重要，就是政策的支持。运营工作中会涉及很多协调工作，政府各部门之间、乡镇之间、村民之间，只有得到政策的有力支持，做好协调工作，才能真正使运营工作正常、长效。

知境：施工期间如何平衡与村民的关系？

史春：

农污治理涉及千家万户，利益诉求、长远认识各不相同，镇与镇之间、村与村之间、村民与村民之间的认识、配合等方面还存在较大差异。

施工之初，村民并不理解，因为污水治理不像供电、供水，村民没有获得感，祖祖辈辈生活在这里，没有感觉污水会成为问题。

尤其污水管道铺设过程中，又存在个别施工班组不注意安全文明施工，造成村民不理解、不配合，甚至会阻扰施工，造成停工，影响工程进度等情况。

随着宜兴市委市政府对"控源截污"工作的重视，分管副市长亲自抓，成立市级层面的"控源截污办公室"，作为总协调总指挥，成立市、部门、镇、村、项目公司五方联动工作班子，定期召开工作推进会，宣传、治理等成效逐渐显现，与此同时项目公司及总包方从管理上也逐渐成熟，工作的氛围、施工环境得到明显优化。

当村镇事业部在一些村庄做出一部分成果之后，运行效果超出村民预期。村民普遍感觉苍蝇蚊子少了，臭味少了，直到这个时候，村民才有了真切的获得感，"原来站点做出来以后，我们的生活环境真变好了"。

◎静谧的竹园村站点

◎被菜地包围着的李家圩站点

"这么困难的前期的过程我们都走过来了，将来再做这件事情时，我们很有信心能够把它做到行业里最好的程度。"

——张勇

"对生命来说，水就意味着，有和无，零和一。"

——陈德明

◎一体化提升泵站井盖

知境： 目前宜兴模式中产业需求还有哪些更可优化及迭代的空间？

易中涛：

企业与政府的合作，可以从项目的招商到产业链扩展到平台，从服务业延伸到科创，再到微笑曲线的两端，经历一个更加充分整合的发展。不过目前宜兴项目还停留在项目招商阶段，如果政府愿意给我们做平台的话，北控水务可以为其打造更好的平台。但是这是双方的，需要政府也去转变观念。

北控水务在宜兴做的事，一方面解决了看得见的问题。把污染消解了，环境变美了，不管城市还是农村，我们都在这样做。

另一方面是解决了看不见的问题。农村环境的改变会给当地带来产业的改变，宜兴自然禀赋与莫干山、安吉、溧阳这几个旅游地点相比，宜兴的条件一点也不差。如果能在旅游知名度方面稍微加强，未来将是非常好的旅游城市。

尤其在宜兴南部山区，会对未来的民宿、乡村旅游起到很大的带动作用。

与此同时，北控水务还在宜兴做了产业的提升投资，实实在在给政府带来了收益。

未来，北控水务计划在这里做平台化的资源整合，采购中心、运营中心、工程中心、科创中心等几个中心的设立，也会对当地环保企业的发展带来一个质的提升。

从水环境建设到民生事业的参与，这是一个多元的未来。

知境：如何评价村镇事业部在宜兴项目中形成的能力，以及对外输出的效率？

黎学军：

在鹤山示范区与政府签订农污治理第二期EPC+O项目时，考虑到村镇事业部在农村污水治理方面专业性更强，北控水务南部大区决定与村镇事业部强强联合。目前鹤山地区农村生活污水已经得到有效处理，村镇事业部通过宜兴项目的实践而取得的成果和能力，我认为主要表现在这几个方面：

对于农污项目，户均工程量、投资数额、运营成本等基础数据库慢慢建立起来了。
打造了一支能够统筹一个项目从前期策划到项目的运转，包括设计、建设、运营能够紧密协同的团队。
建立了一整套针对农村污水治理项目实施的标准规范，包括设计规范、材料设备选用规范、供应商的管理规范、建设管理规范、施工工法规范等，将这些规范确立起来了。
建立起设计随场，建设实时动态管理的体系。相比之前很多农污项目按照市政项目先设计再实施的做法，取得了比较好的效果。
通过淘汰机制建立起适合农污的核心供应商库，包括设计院、施工单位、管材及设备供应商。
总结了一套适合农村污水治理的实战经验。
实现了厂网一体化的运营管理体系。

有了这些成果，任何一个大区只要有项目需求，他们就可以快速响应，将他们成熟的经验输出到每个大区。

◎古街长廊

The Cooperation Space of Heshan, Guangdong

广东鹤山，
纵与横，交织出的合作空间

文 /《知境》编辑组　受访 / 简畅 x 马韵桐 x 黎学军 x 张勇

简畅
北控水务集团
总裁助理、南
部大区总经理

马韵桐
北控水务集团
市场投资中心
总经理、三峡
合作负责人，
三峡北控双平
台公司负责人

黎学军
北控水务集团
南部大区副总
经理兼总工

张勇
北控水务集团
村镇事业部总
经理助理

鹤山农村污水治理项目

处理规模：约 4.8 万户
项目形式：PPP，EPC+O
项目范围：10 个乡镇约 760 个村庄
处理工艺：纳管、小集中
出水水质：主要指标一级 B

从 2016 年 4 月开始，鹤山市采取 PPP 模式，引入北控水务，对沙坪河实施城市防洪、道路桥梁、洲滩景观、河道清障清淤及截污管网等工程，打通城乡供水、城镇治污、河流修复等在内的流域治理全产业链。为积极布局水务环保全产业链，鹤山示范区创新性提出了"厂网一体化、供排水一体化、城乡水务一体化、水务水环境一体化、水产业链智慧化、环保教育常态化"六个一体化系统性综合治理理念。目前，鹤山示范区拥有 5 家自来水厂、3 家污水处理厂，建设运营两期农村污水项目。

鹤山示范区结合当地的文化进行生态环境的优化和打造，通过水环境的治理，会给老百姓带来更多的美好体验，甚至带来商业价值和土地价值的提升。

广东省市各级领导在调研视察沙坪河综合整治效果后，均对鹤山推进水生态文明建设的成效给予了充分肯定。

2019 年，江门市（鹤山）沙坪河整治修复项目入选"广东省首届国土空间生态修复十大范例"啦！

全产业链发展

简畅:

能够有一个城市把全业态的产业链全部交给北控水务来做，是政府对我们的信任，也是一个非常难得的展示集团整体水产业全业态的机会。

鹤山示范区之所以决定施行"城乡一体化"，很大程度是因为当地农村经济发展到一定程度之后，基本上已经实现了整体的村村通供水。在此基础上，鹤山项目组决心探索一下，"当实现了村中的供水之后再去做农村污水的治理，是否更加可行？"

探索原因有二：供水施工时，已经与当地村民村委接洽熟悉，比较容易进村开展工作，村民配合度高；从后续的运营跟管理角度来说，供水管网的运营管理和污水的运营管理，可由一套人马统一来做，减低运营成本，对政府、企业，都比较可取。

合作空间

简畅:

当与政府签订农污治理第二期 EPC + O 项目时，南部大区决定与村镇事业部联合起来。村镇事业部在农村污水治理方面专业性更强，他们曾在北京通州、上海崇明、江苏宜兴等多处承接过农污治理项目。因为规模大，遇到的问题也更多，因此积累的成功和失败的经验更加丰富。

另外，在集采设备方面，村镇事业部也具有一定的规模化优势。

从整体项目的角度，他们更擅长从政府端对我们的考核为出发点，对规划、设计、建设、运营等方面都有更多思考。

> "未来，客户的需求方向一定会更系统和多元化，更多是要求断面达标的，仅仅点状地解决污水厂、管线的问题已经不再满足客户的需求，还要解决面源污染的问题。"
>
> ——马韵桐

观乎天文 观乎人文

黎学军:

目前，鹤山地区农村生活污水已经得到有效处理，地面无污水聚集，自来水、生活污水的城乡水务实现一体化运作，给水水质 100% 达标率，为 30 万鹤山人提供了安全可靠的饮用水。

在河道截污清淤基础上，深度挖掘鹤山龙舟文化、榕树文化、咏春文化、舞狮文化等传统特色，通过景观设计，将文脉与水脉交织，使传统文化得以复兴展现。鹤山治水经验在广东省也获得了各级环保部门的高度认可，其整治经验被新华社、"学习强国"APP 报道。

四个经得起

黎学军:

通过集团大量农污项目经验的积累，村镇事业部练就四个"经得起"：

经得起看。 工地安全生产、文明标准化施工，打造了农污建设的新标杆。

经得起查。 村镇事业部严格按照各项招标流程作业，全面接受政府、集团跟第三方监督。

经得起测。 工程各项技术标准，能够经得起监理跟审计的监督。

经得起评。 设施建成之后，能够构建和谐的村镇群众关系，能够接受到各方比较好的评价与反馈。

知境

Chongming, Shanghai: the Challenge of World-Class Ecological Island

文 /《知境》编辑组　受访 / 张勇 x 吴凯

上海崇明，
世界级生态岛的挑战

张勇
北控水务集团
村镇事业部总
经理助理

吴凯
北控水务集团
崇明项目负责
人

上海市崇明区农村污水治理项目

处理规模：4.2 万户

项目形式：EPC+O，1 年建设 5 年运维

项目范围：100% 农户全覆盖

处理工艺：绝大多数小集中、少量分户综合

出水水质：上海地标一级 A 标准

从出水条件来说，崇明要求非常高，因为这里不但属于上海市，而且目标是建设世界级生态岛，出水要求是达到地标一级 A。除此之外，还有一个非常具有挑战的要求，即，一户也不能少，百分百全覆盖。

☐ 随顺自然

张勇：

在农村施工，必须考虑不同地域各有其地质特点。举例来说，闽宁属于西北干旱缺水地区，需要考虑水资源回收利用；宜兴既有山区也有河网地区，还有普通平原，具备典型的长三角区域特征；鹤山则有珠三角的区域特征；崇明属于河流冲积岛的形态。

因为崇明的河流非常多，有些地方没有办法通过管网进入到排水系统，在这种条件下要求百分百全覆盖和百分百达到一级 A 实际上是非常难的。在这些地方，我们会在一户或者两三户间设一个小型化的装置，采用小型化装置加滤池和湿地搭配的方式处理。

吴凯：

崇明岛位于长江入海口，属于冲积岛。在地理条件上，一方面土质比较疏松，另外地下水位很高。尤其是地下水位问题，给施工带来很大困扰，常常开挖一米左右，就开始出现渗水问题。

为了减少对环境面貌的影响，项目最初设计方案是，终端的 MBR 设备全部采取地埋式，平均深度 4 米到 5 米之间。然而施工过程中发现，如果按照最初的设计挖到 4 米到 5 米，整个施工的难度和造价都会大幅上升。曾经有一个基坑，连续 4 次用排水管降水都降不下去，最后只能

与村委协调更换地点重新开挖。

困难问题的解决过程就是经验累积的过程，在崇明项目施工中我们总结了很多好的降水工法。

针对这种情况，我们重新设计方案，将全地埋的方式改成了全地埋和半地埋相结合。一部分设备根据实地情况，采用半地埋的方式，一半埋在地下一半埋在地上，这样一来，前端相应的管道和埋深就不需要那么深了。

另外，在管道铺设过程中，原定设计的管道埋深大部分会超过2.5米，同样因为地下水位原因，施工中采取增加中途提升泵站的方式，将很多地方的管线埋深降到2米以下，虽然增加了中间设备的造价，但有效减少了整个管路施工的难度和造价；接户的时候，用三通的方式将新老化粪池连接，保证接户和管路施工同步进行，从而节省时间。这些都是我们来崇明之后，根据当地自然条件，因地制宜采取的一些方法。

一诺千金

张勇：

为了百分百达到一级A出水标准，我们在崇明的装置采用了MBBR加MBR的工艺，虽然费用比较高，运维方面的工作量也比较大，但是能够有效保证出水达标。

总结工法

吴凯：

由于宜兴项目开工较早，他们将积累的一些施工工法提供给我们，我们从中学到了很多，避开了许多弯路，因为有些东西是相通的。

不过崇明和宜兴两地的地质条件不同，所以在宜兴工法的基础上，我们结合自己的情况也总结出一些适合当地的工法。

比如，应该如何快速有效地进行站点、提升泵站基础施工，应该如何快速有效施工。总结出固定的施工工法后，在班组之间相互推广和宣传，详细地指导他们如果碰到这种情况，怎样做才是最合适、最合理的，当然也是最能保证质量和最经济、最有效益的。

如此一来，整个崇明的施工效率提高了很多。

地质条件不同，工法也要因地制宜哦。

文 / 知境 X 北控水务

Minning, Ningxia, Poverty Alleviation and Support the Will

宁夏闽宁，扶贫扶志我们在行动

践行社会责任 共助生态文明

"闽宁镇"的由来

闽宁镇位于宁夏首府银川市南端，贺兰山东麓。1997 年 4 月，时任福建省委副书记、福建省对口帮扶宁夏领导小组组长习近平带队到宁夏考察，发现当地一些区域极端干旱，人民生活非常困苦。闽宁两省区负责同志共同商定，要在这里组织实施闽宁对口扶贫协作，建设一个移民示范区。

二十多年里，闽宁陆续接纳了来自宁夏"西海固"六个国家级贫困县的 4 万多名移民，而"西海固"地区曾在 1972 年被联合国粮食开发署确定为最不适宜人类生存的地区之一。

2016 年 7 月 19 日，习近平总书记专程到闽宁镇实地考察，做出了"闽宁镇从当年的'干沙滩'变成了今天的'金沙滩'，探索出了一条康庄大道，我们要把这个宝贵经验向全国推广"的重要指示。

"三共建"工作推进

2018 年 9 月，北控水务与银川市永宁县政府签订《闽宁镇村镇生活污水项目示范工程委托协议》，双方共同致力于为银川市实施乡村振兴战略提供可复制、可推广的农村治污新模式。闽宁镇村镇污水处理项目是闽宁镇美丽乡村建设和脱贫富民工作的重要组成部分，计划分两年建成闽宁镇武河村和玉海村两个行政村 2928 户的污水处理设施。

2018 年 10 月，北控水务集团党委副书记、纪委书记李艾与闽宁镇党委书记张文、镇长王永强会面，就"三共建"达成共识，确认北控水务为首家与闽宁镇党组织结对共建的企业，并就策划环保教育基地建设，推进环保教育进校园等工作进行了研讨，确认了合作意向。

◎宁夏回族自治区党委副书记、银川市委书记姜志刚
来到项目现场考察

◎银川市委副书记、市长杨玉经
来到项目现场调研

北控水务利用企业优质资源，推进"北控水动力"环保教育进校园工作，2019年2月26日，走进闽宁镇耿飚红军小学举办环保主题"开学第一课"。

为共同深化人才队伍培养，2019年12月，北控水务集团首期建设项目经理研修班在闽宁举办，实地开展了《关于加强扶贫扶志和保护绿水青山重要论述》的现场学习，全体学员捐资设立了支持小学生环保教育的专项基金，并开展了图书捐赠活动。

北控水务集团组织建设的闽宁镇美丽乡村环境综合整治工程荣获2018年"银川市优秀重点建设项目"二等奖。宁夏回族自治区党委副书记、银川市委书记姜志刚，银川市委副书记、市长杨玉经多次视察闽宁镇，对北控水务集团"三共建"工作表示肯定。

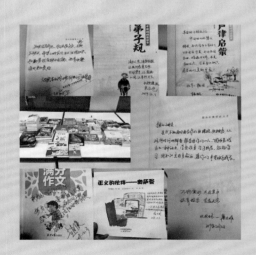

Particularity of Sewage Treatment in Western China

再说因地制宜，
西部区域污水治理的特殊性

文 /《知境》编辑组　受访 / 杨小全 x 陈茂福

闽宁镇村镇污水处理项目情况
总处理规模：6 个村，2.4 万户
项目形式：PM 模式，扶贫共建
项目范围：一期永宁县闽宁镇武河村、玉海村行政区划范围内给水、排水、村镇污水处理、道路等的建设
工艺流程：村户排水 > 收集管网 > 集中处理站 > 达标排放

北控水务响应政府"打造美丽乡村示范"需求，从前期调研方案、可研、设计，到后期施工团队组建，迅速进场实施"三边工程"，45 天快速完成示范项目实施。

 杨小全
北控水务集团
总裁助理、西
部大区总经理

 陈茂福
北控水务集团
村镇事业部技
术总监

西部区域治污特殊性：
关注末端去向

杨小全：

中国西部多数区域属于干旱地区，降水量少，必须考虑再生水利用问题。以市政绿化为例，沿海地区淡水资源比较丰富，市政绿化用水可以从河道里抽取，成本也较低，但西部多数区域会首选再生水作为市政绿化用水。此外，电厂冷却塔的降温也可以大量使用处理后的再生水，污水从处理到排放时水体存留的十几度温度，蕴藏的能量可用来供暖或制冷。

因此，与其他地区相比，西部污水处理最大特点是必须关注水治理末端的去向。

闽宁项目特殊性：

陈茂福：

闽宁项目实施过程中我们做了很多前期的工作。第一，了解当地居民的生活习俗，对水资源利用的意愿、诉求，观察整个村落的特点、用水习惯等。在养殖业发达地区，前期收集和梳理农户养殖的牛羊对收水水质造成的影响等。

建设施工过程中，基于当地民族多样性的特点，我们会通过党建工作去搞好民族团结关系。另外在施工过程中，也尽量引入专业化的团队和设备，保证施工质量。

北控水务将在农污解决方案上做的探索

陈茂福：

首先，是商务模式的探索与创新，目前各地区推出来的农村污水治理工程主要有 PPP、EPC、EPC+O 等模式，主要也通过政府付费来解决的最终的投资及运行成本，如何统筹城乡供排水一体化，将农村污水治理变成一种可持续的、成熟的商业模式，还需要我们继续扎根学习与探索。

在技术上，不管提质增效，还是降成本，都需要我们正在探索的方向。在干旱缺水的西北地区，农村污水处理完后，要考虑资源化利用，我们正在做这方面技术和研发上的储备，这是未来的一个重要方向。

建设阶段，北控水务更多的是树立规范化的施工管理，因为成百上千个村同时开工，如果没有强大的管理团队和管理规范，那将是非常困难的，所以建设阶段的管控或人财物的调配，我们在逐步形成一套规模化的体系。

最后，在运维阶段，也会进一步加强智慧化运营的体系建设，从而实现既减员又增效的目的。

村镇污水治理的未来运营

杨小全：

农村污水治理，坚决不能变成"晒太阳"工程。

因此在项目前期选址时，优先考虑经济条件较好的地区，确保当地政府有财政能力保证站点运营。

另外，如果北控水务在当地已有一定规模的水厂，可以作为依托，使周边一定区域内的村庄污水处理站点的运营维护较易于实施。

专业运维人员或配套供给车都可以做到定期巡视检查，长期收费也会得到保障。

这些都充分体现了北控水务的长期运营优势。

Helping People to Get Rid of Poverty Is What I Really Hope

让当地永远地脱贫，
是我内心真实的想法

文 /《知境》编辑组　受访 / 王振宇

王振宇

江苏同益能源科技有限公司
董事长

一个本科和硕士读建筑环境与能源
应用，博士读环境工程的西北人，
决定在闽宁与北控水务一起，引入
木耳产业，帮助当地产业脱贫。

知境：为什么选择闽宁？

王振宇： 第一因为我是西北人，想把产业带到西北地区。

第二因为我是人工环境领域的，跟北控水务村镇事业部曹雷总经理及易中涛常常有机会一起出差，熟悉以后他们给我讲了闽宁镇的来历。

当时北控水务不只在闽宁做水环境工程，也想在那里开展产业扶贫，帮闽宁发展经济作物。得知他们正在外面寻找一些合适的经济作物后，我就把木耳的想法讲给他们听，他们非常感兴趣，马上就和当地政府对接。

政府也非常感兴趣，拿出 2 个大棚给我们试验。于是我们就一起合作，

◎北控水务产业扶贫
木耳基地

◎当地昼夜温差大，非常适宜木耳生长

进行了试种，而且试种一举成功。我们接下来可能会大面积地去推广、种植。

知境：大棚木耳能给当地村民带来哪些收益？

王振宇：我们正在做策划方案，计划建一个菌种厂。然后当地政府用扶贫资金为农户建大棚。我们将生产后的菌种，卖给菌农，最后再将收获的木耳进行回购。经初步测算，一个大棚一年至少有6万元的收益，这个是非常可观的，一般的产业做不到这一点。

知境：为什么选择木耳，而不是其他农作物？

王振宇：首先，我是做人工环境工程项目的，曾经帮助东北很多黑木耳菌种厂建厂（要求无尘无菌恒温恒湿恒氧），了解黑木耳从菌种到种植、采摘、晾晒、销售的全产业链情况；其次，闽宁是戈壁滩，种植粮食有些困难，所以要在闽宁发展农业，只能发展现代农业。木耳采用在大棚里吊挂的种植方式，无须土壤，只需要成长的环境，比如说温度、水分、湿度、昼夜温差就可以了。

当地之前也做过杏鲍菇、宁夏枸杞等其他农作物的大棚实验，但是规模面积各方面都很小，不适合大面积推广。

但是木耳就完全不一样了，可以大面积地去推广。

知境：如何评价北控水务的产业扶贫？

王振宇：我非常认可北控水务在帮助当地脱贫上的做法。授之以鱼不如授之以渔，如果给他一笔钱，今年的问题解决了，那明年怎么办？所以我们希望通过产业导入的方式，让当地永远脱贫，解决他们的长期问题，这是我内心的一个真实想法。如果明年这个事情做成了，我们想逐渐辐射到甘肃或者周边省份，带动当地的脱贫工作。

特集·绿色共建者

Builders and Innovators

建设者与创新者

文/《知境》编辑组 受访/谢远骥×迟德草×周敏宏×江国柜

美丽乡村从来不是"自娱自乐"，
而是"绿色共建"。
在美丽乡村的建设过程中，参与者众多。
无论是设计者，还是施工者，
抑或是设备供应商，
他们都在积极探索这条几乎没有人踏过的征程。
农村污水治理、美丽乡村建设，
没人知道怎么做，
但他们却凭借一腔热血去发掘、去创新。
路漫漫而远也，
但前景可观，未来可期。

知境：中国农村环境治理现状如何？

蒋岚岚：据《中国农村污水处理行业发展前景预测与投资战略规划分析报告》统计数据显示，目前我国有250万个自然村，6.7亿农村人口，污水处理率不到10%，潜在需求巨大。

首先，我国农村污染物排放逐加、污水处理覆盖率远低于城镇。而农村在我国的城乡经济结构中占有重要战略地位，未来在农村污水处理等领域，国家政策扶持和资金支持力度将有较大提高，农村污水处理市场有望迎来历史性发展机遇。

其次，我国地域发展不平衡，不同地域间农村差别较大，加之农村地区长期以来形成的居住方式、生活习惯等方面的差异，使得污水处理方式不能过于单一，而应根据农村具体现状、特点、风俗习惯，以及自然、经济与社会条件，因地制宜地采用多元化的污水处理模式。

其三，我国一些地区农村水务市场初具雏形，已有多家上市公司涉足这一市场。现行的"连片整治"及"拉网式全覆盖"可能是未来主要的推进方式，社会参与型的第三方委托运营模式也将获得发展。

知境：相较城市污水治理项目，农村污水治理项目在规划设计上最大的差异是什么？

蒋岚岚：不同于城市污水系统的集中处理制，农村污水的处理模式常见类型有三种：纳管集中处理、连片联村集中处理、分散分户处理。农村污水处理项目因其面广量大，远离现有城镇污水系统的特点，在规划环节应对污水处理模式进行论证，经技术经济比较后，确定合理的处理模式是整个规划设计方案的基础和关键。

知境：如何评价农村污水治理"没有红线"的设计理念？

蒋岚岚："设计理念"是设计师在设计过程中的主导思想，它赋予作品文化内涵和风格特点。农村污水设计一定要有一个好的理念，根据各方面的因素，然后穿插起来，根据多变而复杂的现场情况"因村而异"达到所需的目标成果，这个过程中取决于设计人员对于项目的认识和理解以及目的。所以农村污水治理的设计应该赋予设计人员更多的设计自由，突破原有的红线思维。"没有红线"的设计理念是农村污水治理最好的设计模式。

蒋岚岚

"没有红线"是农村污水治理最好的设计理论

"No Red Line" is the Best Design Concept for Rural Sewage Treatment

无锡市政设计研究院是一家具有市政行业甲级、勘察甲级、建筑甲级、风景园林甲级的勘察设计企业，同时具有咨询甲级、规划乙级、公路乙级、四项施工总承包资质，以及造价咨询乙级，市政行业监理丙级的综合型设计院。北控水务宜兴项目是该设计院承接的第一个大型农村污水的EPC工程，负责宜兴项目近3000个村的前期规划设计工作。

蒋岚岚

无锡市政设计研究院总经理

知境：农村污水治理强调"一村一策"，是否意味着不存在绝对标准化的规划或设计？

蒋岚岚：每个自然村被放置于整个农村版图上时，因其村落地理位置、村庄布局、环境影响敏感度、经济条件等因素，造成不可一概而论、整齐划一地对村庄进行标准化规划，选择治理模式。但是，在具体设计时，接户设置的处理构筑物、沟槽开挖与回填要求、站点的景观装饰等可以作为标准化设计的内容。

宜兴项目，我院从规划至设计，扎根宜兴近四年，对宜兴的基础情况掌握相对齐全，基本总结了一些经验：

上位规划很重要。村庄的具体设计应满足专项规划的指引。

选择合理合适的污水处理模式。在设计阶段，没有对处理模式进行论证，主要存在几个问题：第一，采用纳管集中处理模式的，未对城镇污水收集系统进行复核，导致农村污水接入后，规模不匹配。第二，单户处理模式，后期运维任务量重，且出水水质的稳定性得不到保障，因此，宜兴以单村或联村的相对集中处理制为主，分散分户处理为辅。

排放标准的确定。水源地保护区、太湖一级保护区的环境敏感度较高，其处理设施排放标准严于太湖二级保护区。

污水处理工艺的选择，应与排放标准相匹配，不宜套用城镇污水厂处理工艺论证方式。且考虑到宜兴项目村庄体量较大，后期运维任务较重，应结合实际运行效果与维护的便捷，针对性选择处理工艺。

注重前端的预处理环节，如调节池、隔油隔栅井等。农村污水排放水量与水质的不稳定性，调节池的设置匀质匀量，非常必要。

处理设施排放口的设置。设施的高程布置应将受纳水体的水位变化情况作为重要考量因素。

郑展望

农村污水治理看着美，做着难
Rural Sewage Treatment Looks Beautiful, But Difficult to Do

知境：你如何看待中国农村污水处理市场？

郑展望：农村污水治理是美丽宜居乡村建设的重点和难点，有着广阔的市场需求。但是，它也是一件比较难的事。以浙江为例，从 2003 年"千万工程"开始，经过 15 年的治理，到如今，进入到了新的提升阶段。所以说农村污水处理市场是看着美，做着难。

知境：农村污水治理项目难在哪？

郑展望：

技术高难度

从政府端来说，难点主要是实施模式和资金两个方面。很多地区认为农村污水治理是件简单的事情，所以就会把任务层层分配到村里实施。但是，村一级已经几乎没有识别技术、筛选设施的能力。
从企业实施端来看，主要是四个方面：建设难、达标难、管理难、资金难。采用什么样的收集模式？如何能保证较高的达标率？专业管理人员少，谁去管？等等。

产业高门槛

农村污水属于政府类项目，渠道是拿到项目的关键，而投融资能力则是保障项目顺利实施的重要基础。但是，对参与方来讲要同时具备技术、渠道、资本三要素都有一定的困难。

郑展望

浙江省农村环境专业委员会主任，浙江农林大学农村环境研究所所长、教授，浙江双良商达环保有限公司董事长。作为中国农村污水全方案专家，商达环保深耕农村污水细分行业 15 年，提供从规划设计、建设、运营的设备＋全方案"服务。将现代发酵技术应用于农村污水处理，提高除磷脱氮效率；从 2009 年开始引入物联网技术，解决农村污水管理难题；牵头编制《农村生活污水净化装置》行业标准，助力行业规范化与标准化进程。

知境：你对农村污水治理综合解决方案有哪些建议？

郑展望：

针对技术高难度

政府端，采用"三统一"模式

从某种意义上说，采用何种的项目模式是决定项目做得好坏的最重要的因素。我们认为两种模式最适合。一种是 PPP，另一种是 EPC+O。2014 年的德清项目，商达负责统一设计、统一提供设备并统一运维，探索建立农

村污水"五位一体"管理模式。2015 年，《水十条》也明确提出了"统一规划、建设、运维"的三统一模式。

企业端，构建"全方案"能力

目前，行业处于发展的初期，且各个环节没有成熟的方案。规划、设计、建设、运维各个环节分开做，往往会在其他环节出现问题，因此，需要有整体方案能力。在自身不具备全方案

能力的情况下，可以通过产学研等方式合作完善。

商达"设备 + 全方案"实践

核心设备

商达推出达标稳定、使用长久、管理智能、经济适用的 FBR 发酵槽。将现代发酵技术应用于农村污水，通过高通量筛选、分子生物学等对微生物进行改造，除磷脱氮效率更高。

全方案服务

农村污水治理也是一个系统的工程，规划、设计、施工、运维任何一个环节分开实施，都影响达标率。全方案能力很难达到，商达得益于浙江"千万工程"15 年，通过 100 万户规划设计，60 万户设备供货，100 万户运营管理的积累，提供更深层次、更具价值的研发创新、规划设计、施工管理、运维体系建设全方案服务。

针对产业高门槛

既然一家企业很难同时具备技术、渠道、资本三要素，我们可以通过生态合作的方式。例如在宜兴项目上，我们配合北控水务建立了"技术 + 渠道 + 资本"的生态圈，助力宜兴农村污水 PPP 项目建设。

河马井是一家专业致力于研制高端新型塑料管道、水环境创新技术与装备的高新技术企业。公司为雨污水的收集、处理、储存和利用提供全系统解决方案，在城镇开发建设、村镇污水治理、海绵城市建设、黑臭水体与水环境治理等方面有广泛应用。

作为管道供应商，河马井在此次宜兴项目中，创造性地提出了井管一体化的排水系统，并使用现场可变角接头以及多管接入的检查井等创新性产品，助力宜兴农村污水治理项目降本增效。

知境：相较城市污水收集而言，农村污水治理项目在管网收集上最大的差异是什么？

周敏宏：相对来讲，农村污水流量小，管道的管径也相对较小。市政污水的流量大，管径也相对较大。但农村污水的收集情况比城镇要更加复杂。

首先，村庄形态并不是统一规划、统一建设的，每个村落都有各自的特点。所以在收集过程中，管路的主管管线角度是不规则的。而且，农村污水接管比市政上更加复杂。农户家里的厨房、卫生间的洗涤用水、冲厕用水等，最终都要接到管网中，所以在接管数量上也是一个挑战。

其次，农村污水的进水量及水质不稳定。一方面，农村空心化现象造成节假日和周末人多，平时人少。农村一天 24 小时水量变化大也会对污水收集造成影响。另一方面，大部分村民依旧使用含磷的洗衣粉，这会对水质产生很大的影响。

最后，农村污水治理普遍存在"重站区、轻管网"的现象，认为管网只起到收集输送的作用。但一旦管网出现问题，遇到雨水频发的季节或水质不稳定的情况，不同水质的污水极易混入管网到达站点，会对站点造成冲击。

知境：针对农村污水的治理难点，河马井在管道上有哪些创新？

周敏宏：以此次宜兴项目为例，河马井在该项目上首次大规模

周敏宏

井管一体化排水系统
让农村污水治理更高效
Well-Pipe Integrated Drainage System Makes Rural Sewage Treatment More Efficient

© 恩维创作

周敏宏

江苏河马井股份有限公司总经理

地使用了井管一体化的排水系统。该系统由塑料成品检查井以及塑料管道组成。整套系统不仅施工快捷，排水性能好，使用寿命长，而且密封性能好，能实现零渗漏。其中检查井和管道、管道和管道以及所有连接处，都经过同一个厂家统一设计、统一生产、统一安装，精确控制所有连接处的间隙，避免了检查井和管道由不同厂家提供造成的连接渗漏问题。

此外，针对收集过程中管线角度和接管数量的问题，我们对管道做了一些改进。比如说，针对管线的角度，我们专门开发了一种可变角接头，这种接头能实现0~22.5度现场连续可调。根据农村不同角落的需求，不仅现场可以调整管线角度，而且还保证密封性。

针对多管接入的问题，我们专门开发了一种万能井，最多能接8根支管，现场应用比较灵活。

未来，公司在农村污水上的主要创新方向是让管网低维护甚至免维护。因为农村不像城市，它比较分散，维护工作量极大。此外，我们还会在厂网河一体化以及污水提质增效方面，做智慧管网的技术研发。

© 恩维创作

作为新中国成立最早的建筑企业之一，房屋建筑工程施工总承包特级企业，北京建工致力于为城市提供绿色、智慧、协同、高效的工程建设与综合服务集团，强强联合的水务运营产业，为打造宜居美好生活持续努力。北京建工作为此次宜兴农村污水处理项目 EPC 总承包方，主要负责村庄管网的设计、设备的采购及施工、管网的施工以及净化槽的调试工作。

江国强

北京建工集团旗下，宜兴农村污水治理建设团队项目经理

江国强

为农村污水治理项目打造标准化施工系统

Creating a Standardized Construction System for Rural Sewage Treatment Projects

知境： 与其他污水治理项目相比，农村污水治理项目在施工上有哪些难点？

江国强：

难管。 因为数量太多，分布面积又比较广，管理起来比较有难度。

难选。 国家要求要"因地制宜"治理农村污水，我们在因地制宜选择处理模式上还是比较难的。每个村庄的地形地貌、大小、集中程度等的相似度都很低。有的村庄靠近城镇，我们就选择把污水通过纳管直接接到主管网中。如果离主管网比较远，也就是说投资管网送到城镇污水厂处理的性价比低，则选择就地处理。所以如何选择处理模式是比较难的。

难沟通。 因为农村污水治理刚刚起步，村里老百姓的理解和支持力度不足，人们对新鲜事物有一个接受过程，所以在和老百姓的沟通上也是我们的一个难点。

工期紧。 一般来讲，PPP 项目有三年左右的工程建设期。农村污水有量大、分散的特点，根据此特点，我们在宜兴 17 个乡镇同时施工，用了将近两年多的时间，基本完成了工程建设。

知境： 在农村污水治理项目中得到哪些经验？

江国强：经过一年多的经验积累，目前我们主要采用三种处理模式：集中式处理、纳管处理、小型净化槽处理。现在来看我们选择的模式和乡村的结合程度是比较高的。

此外，针对管理难的问题，我们联合宜兴北控推行了"片区式负责、网格式管理"的管理方式。告别以往人盯人的方式，利用信息化手段，比如建立微信群、推广应用"工程宝"APP 等，基本实现大数据信息的及时上传，便于统筹管理，实现整个施工的连续性和持续性，减少误工。

另一方面，因为村庄形态各不相同，施工工法却是相通的，所以我们就联合宜兴北控制作了一个农村污水施工标准化视频。按照标准施工，不仅加快施工进度，同时还保证了施工质量，尽量减少维修、返工。

"又见" 系列

See-Again Series
Water Environment Treatment Case Set

持酒对斜阳，看鸟还山林

见山是山，见水是水

秉持草木之心

在浅淡无痕中落地而安

又见中国乡村之美

美丽乡村村镇水环境治理案例集

"一望无际的田野，错落有致的房舍，蜿蜒曲折的小路，苍翠欲滴的竹林"，这或是很多人记忆中的乡村，也或是很多人向往的乡村生活。然而随着近 30 年的经济发展，这种"向往的生活"离我们渐行渐远。

我们开始思考如何"振兴乡村文化、重现美丽乡村"，如何让乡村不再只是被启蒙、被改造的对象，而是亟待被寻回的精神根源。2020 年恩维从这一角度出发，重新思考乡村文明及人居环境，携手 10 多家深耕村镇水环境治理多年的优质企业，共同打造"又见"系列村镇水环境治理案例集，从村镇水环境治理开始向社会输出中国美丽乡村振兴进程中的绿色观念、绿色成果，在新时代社会中"又见"中国乡村之美。

北控水务集团总裁助理、
南部大区总经理
简畅

北控水务集团总裁助理、
西部大区总经理
杨小全

北控水务集团南部大区
副总经理兼总工
黎学军

北控水务集团
宜兴项目公司总经理
陈德明

北控水务集团
村镇事业部总经理助理
张勇

北控水务集团
村镇事业部技术总监
陈茂福

北控水务集团
宜兴项目公司副总经理
史春

北控水务集团宜兴项目公司
常务副总经理
沈敏

北控水务集团崇明
项目负责人
吴凯

北控水务集团
宜兴项目公司副总经理
易中涛

形成"投融技建运"一体化、城镇村一体化、厂网一体化三大突出优势。

北控水务·江苏宜兴农村生活污水综合治理项目

2017年10月，北控水务采用政府和社会资本合作（PPP）模式实施宜兴市农村污水治理项目和宜兴市城乡污水管网项目。

在实际治理中，北控水务综合考虑宜兴农村地形地貌、经济状况等因素，因地制宜选择合适的工艺，采用纳管、集中、分户等处理模式。不仅打造了一支经验丰富的专业农村污水治理工程队伍，而且充分打通厂网联动、厂厂调配等环节，真正实现厂网一体化。目前，宜兴项目是国内农村污水处理体量最大、建设速度最快、实施效果最优的项目。

处理规模：
20.2万户，2960个村，总投资21亿元

治理模式：
PPP合作模式，特许经营期限为26年（含建设期）新建+委托运营

实施进展：
2019年完成近1000个村建设，两年总产值17亿元

实现"建管养一体化、高水位地区降水施工"。

北控水务 · 上海崇明
农村生活污水综合治理项目

上海崇明农村生活污水具有点多面广且分散、进水波动大等特点。针对这些特点，北控水务上海崇明团队因地制宜选择合适的工艺，采用小集中、分户相结合的综合处理模式。成功实现建管养一体化、高水位地区降水施工。在实际的治理过程中，不仅打造了一支经验丰富的专业治理团队，建立起长效运营责任主体统筹机制，而且成功构建包括站点信息采集和传输、区域控制中心、物联网智慧化管控平台、维护终端APP在内的一整套智慧管控体系。

处理规模：
4.2万户，5个镇区100%村庄农户覆盖，总投资7.6亿元

治理模式：
EPC+O模式，1年建设期+5年运营期

实施进展：
2018年完成近300多个站点和管网建设，产值近5亿元

推进村镇环境治理同时，全面落实产业扶贫，形成"三共建"工作体系。

北控水务·宁夏闽宁
农村生活污水综合治理项目

作为西部扶贫结合美丽乡村建设的先导示范项目，宁夏闽宁污水处理项目意义非凡。北控水务集团以闽宁等镇各类污水处理项目为载体，适当借鉴香港t-park模式，建设环境友好型工业项目，力求将项目打造成环保文化、扶贫扶志文化的宣传展示窗口，不断提升地方居民的环保意识。在持续推进村镇环境治理，建设美丽乡村的同时，全面落实产业扶贫、科技扶智、文化扶志，在项目当地形成了"三共建"（党建共建、政企共建、校企共建）扶贫工作体系。

处理规模：
6个村，2.4万户

治理模式：
PM+施工承包，扶贫共建

实施进展：
一期建设完满完成

©物丰、景美、天蓝、水清，是从古至今未曾改变的人居理想

延伸阅读：
《郑展望：生而有用
学有所用》

© 恩维创作

浙江双良商达环保有限公司 董事长

郑展望

恩维联合环境出品

采用改良A2O+发酵强化技术+生态滤池模式，以智慧化平台运维解决污水治理难题。

商达·北控宜兴农污PPP项目

在宜兴农村污水治理项目中，商达采用改良A2O+发酵强化技术+生态滤池模式。改良A2O工艺是污水生物处理高效脱氮除磷技术，适合碳源低、碳氮比小的农村生活污水处理的新建和改造项目；发酵强化技术是商达最重要的核心技术，它集合了高通量筛选、特有驯化及包埋等发酵技术于一体；在设备方面采用云网关进行控制，结合管理平台，运维员通过手机APP完成日常运维工作。运维过程中采用了物联网技术，形成模式化智慧运行，解决了农村污水治理因点多、面广、分散等因素导致的运维管理难的问题。

处理规模：
20.2万户，2960个村，总投资21亿元

治理模式：
设备+全方案

浙江首个"全域景区化区县"太湖源等乡镇示范项目

商达·临安区
农污提标及第三方运维项目

2019年，商达在浙江省首个提出"全域景区化区县"的杭州市临安区太湖源等乡镇开始实施农村污水提标改造与第三方运维。临安区农污提标及第三方运维项目中的"指南村示范项目"位于杭州市临安区西北部的太湖源镇。项目采用改良A/A/O+发酵强化+生态滤池技术相结合的工艺，通过生化系统中多种微生物种群的有机结合，能够在去除有机物的同时取得较好的脱氮除磷效果。通过提升改造后，指南村示范项目处理量为 200 t/d，设计出水水质达到《城镇污水处理厂污染物排放标准》（GB 18918—2002）一级A排放标准。

处理规模：
60000户

治理模式：
设备+全方案

实施进展：
指南村示范项目出水水质可以长效稳定达标，出水经强化处理后达到用于冲厕、绿化喷淋的资源化利用

恩维联合环境出品

延伸阅读：
《青年样 | 何海周：择一方
水土，清一城山水》

知境

江苏力鼎环保装备有限公司　创始人

何海周

项目应"重建重管"，
装备要"经久耐用"，
运营需"节省简便"。

农村生活污水治理是农村环境治理的重头戏，它的特点是量小而又复杂多变。所以农村生活污水治理，项目应"重建重管"，装备要"经久耐用"，运营则需"节省简便"。在工艺上采取"优先接管、小型集中为主、净化槽补充为辅"，最后达到建设过程可控，运营监管高效透明。

江苏力鼎·金坛区农村生活污水处理项目

金坛区农村生活污水处理项目以区县为单位，在四个统一（统一规划、统一设计、统计建设、统一运营）的指导思想前提下，采用地埋式一体化生物接触氧化（AO）工艺，从顶层设计入手优化统筹，全面构建智慧化、精准化运维，确保覆盖范围内所有站区实现24×365全天候、无人值守、高效运行，打造标准示范项目。

处理规模：
3个镇（直溪镇、朱林镇、薛埠镇）
100多个村，总投资2734万元

治理模式：
EPC+O模式　合作期为5年

实施进展：
当下已实现远程巡检+现场人工精准运维

恩维联合环境出品

延伸阅读：
《青年样 | 李文生：环境科技公司
的7000万是怎么花的》

©恩维创作

云南合续环境科技有限公司　总裁

李文生

根据当前农村污水治理的特性，采取分散式、就地就近的处理模式。

农村水环境治理，是关系到美丽乡村建设的重要环节。农村居住相对分散、污水统一收集难度较大。农村水环境治理应结合当地实际情况，采取分散式污水处理模式，就地就近处理。希望通过我们的共同努力重现农村绿水青山。

云南合续·江苏溧阳
农村生活污水综合治理项目

溧阳市农村污水综合治理项目采用分散式污水处理模式，以村为单位对污水收集后就地处理，减少了不必要的管网和基建投资，解决了农村污水治理管网投资大、点多分散、运营管理难、政府负担重的难题。

处理规模：
91130户，935个村，总投资12.5亿元

治理模式：
PPP合作模式，合作期为29年，新建+改造+运营

实施进展：
2019年已经完成65000户建设，出水稳定达标

恩维联合环境出品

延伸阅读：
《青年样 | Wongjin Yong：
一个新加坡人在中国的环保事业》

© 恩维创作

富朗世水务技术（江苏）有限公司　总经理

Wongjin Yong

应用来自以色列的 MABR先进工艺，有效应对高速公路的污水处理问题。

建设美丽乡村从水开始，但因经济发展和地域差异，中国农村污水治理有着自己独有的特性。富朗世致力于行走在技术科研的最前端，应用以色列自主研发的曝气膜生物反应器（MABR）技术，能够根据农村污水治理的各项痛点提供针对性的分散式、模块化设计应对方案。

富朗世·湖北高速路网内污水治理项目

高速公路体系内的生活污水相较于一般生活污水氨氮、总氮含量更高，处理难度更高。富朗世的Aspiral智能型封装式污水处理系统，应用来自以色列的MABR先进工艺，能够有效应对高速公路的污水处理问题，提升路网体系的整体环境。

处理规模：
湖北高速公路体系内多条高速路段，累计处理水量约10000吨/天

治理模式：
为客户湖北交投智能检测提供整体的污水处理设备与实施方案

实施进展：
2019年6千多吨规模的污水处理厂完成安装调试工作

© 恩维创作

南京贝德环保设备制造有限公司　总经理

竺宗飞

梳理污染源，因地施策，闭环整治。

农村污水治理相较于城市更分散和多变，要在梳理清楚农村污染源的基础上，结合农村水环境综合整治需要，以绿色发展为理念，因地施策，实现闭环状态下的环境整治。真正实现既要绿水青山，也要金山银山。

南京贝德·宜兴农村污水治理工程项目

在宜兴农村污水治理工程中，南京贝德为北控水务提供管网运营所需一体化泵站，设备采用最新技术能有效防止沉积，并能大幅缩减后期维护工作量，整套系统配备智能信息化处理平台，实时反馈设备运行状态，保证整个项目的完整运行。

处理规模：
20.2万户，2960个自然村，总投资21亿元

治理模式：
PPP合作模式，运营期26年

实施进展：
工程目前已进入收尾阶段，90%以上管网泵站设备已投入运营

恩维联合环境出品

© 恩维创作

江苏裕隆环保有限公司　总经理

黄　羽

运维要简单，核心设备实现"傻瓜式运行"。

针对不同地区农村污水的特点及出水要求，工艺和设备可以百花齐放，重点和难点在于后期运维上要简单方便。在前端有效收集基础上，核心设备应实现"傻瓜式运行"，这源自设备的工艺先进、构件稳定，外加云运维系统的"监护"。

江苏裕隆·宜兴毫村村生活污水处理项目

江苏裕隆环保在宜兴毫村村生活污水处理上采用完整的工艺体系，在污水处理过程中能够做到少泥产出，高效脱氮，出水标准高的要求，并且保持了一贯的启动快、智能化等优势。在保证高质量完成项目的同时实现占地少、投资低的效果，大大降低了运行成本。

处理规模：
单个站点12吨/天

治理模式：
总包+运维，2017年至今

实施进展：
出水稳定达到一级B，部分指标达到一级A

延伸阅读：
《青年样 | 蔡晓涌：我们在中国紫外线
消毒技术做得最好》

© 恩维创作

北京安力斯环境科技股份有限公司　董事长

蔡晓涌

"精研农水，因水制宜"

"精研农水，因水制宜"，农村的水环境治理应采用"在治理规划上以集中为主，以分散为辅"；"在工艺选择上以成熟的AO+基于技术创新的无人值守为主，以难以运管的MBR、生物接触氧化等为辅"；"在EPC实施上，以标准化、模块化、一体化处理单元组合为主，以传统土建构筑物形式为辅"。

北京安力斯·湖北咸丰集镇农村生活污水处理项目

工艺主体结构采用模块化、一体化形式，大大缩短建设周期。生化工艺采用自曝气三相生物膜反应器，实现泥膜工艺和自曝气溶氧调节，抗冲击负荷能力强，设备简单，维护方便。合计日处理量4000吨，排放标准GB18918－2002一级A标准。

处理规模：
8个乡镇，总处理水量为4000吨/天，总投资为10802.06万元

治理模式：
BOT（建设－运营－移交）模式，合作期为26年安力斯负责工艺、设备供应、安装调试，保证水质合格后移交BOT方

实施进展：
目前已全部建设完成并投入运行

江间波浪兼天涌
孤舟一系故园心

Meet the Most Ordinary Touch
遇见最平凡的感动

413 的故事

文 / 宗庆 宜兴北控水务

秋天到了，秋意越来越浓，早晚都有凉意，金秋时节对于地里的庄稼来说是收获果实的季节，也是一年中最美的时节。我们公司是水生态环境保护的旗舰企业，宜兴公司更是农村污水治理的专业型公司，也是一个充满着朝气的集体。今年的建设任务在这金秋时节还在紧张有序的进行中，秋季是我们完成上级考核任务的季节，也意味着对一年建设任务的收获。

办公室的日子每天总是在忙碌和松弛中轮番切换，每天没有什么特别令人印象深刻的事情，但是 413 办公室是个和谐的小集体，每日上班会互相打招呼，聊些家常或者有趣的事，然后开始一天的工作。我有一项工作内容是负责每周数据的收集和汇总，需要每个村镇的同事每周五下班前提交统计数据给我，在每个周四会有个别同事提前做好发给我，也有的同事是需要周五再催促才能提交表格。自从这个工作任务实行以来，每周四深夜（一般都在 11 点过后），我都会收到某位同事的统计表格，第一次我问他为什么这么晚还要发工作的表格，明天早上发也是可以的，他回答：我晚上睡不着就提前把事做了，当时也就信了。然后下周、下下周……连着几周一直都是如此，此时我开始认真思考这个问题，这不仅是一个同事晚睡的问题，这恰恰反映了一个人对工作的认真及负责任的态度，把工作做完再休息，他的这份责任心让我有点肃然起敬，这份坚持让我有点感动。

宜兴公司就像一列高速运转的火车，公司每位员工就像这列高速行驶的列车上的一个零件，每个人都有着自己的位置和责任，紧张而有序地运转，向着一个共同的目标努力前行，"水长清，业长青"的公司理念会在每位认真工作的同事心中铭记。

©午后，人们开始劳作

和蔼的老大爷

文 / 邵旭涛 宜兴北控水务

2019 年夏天某日，天气特别炎热，我们在村庄道路施工污水管道，汗水打湿了衣衫。

临近中午，我们下班回到村庄内临时租住的宿舍。刚进门坐下，一位老大爷拿着一筐青菜走了进来，来到我的身前，他和蔼地对我说："都是刚摘的蔬菜，自己家种的，大热的天，你们辛苦了，这些青菜你们拿去吃，不够再到家里菜园子去摘。"我们接过老大爷的青菜，非常感动，对老大爷说："大爷，谢谢您对我们的理解，也非常感谢您，这都是我们应该做的。"我们和老大爷聊着天，留他一起吃晚饭。

在紧张的污水管道施工过程中能得到大家的支持和理解，我们非常开心，浑身充满了干劲。

老奶奶的一杯茶水

文 / 邵旭涛 宜兴北控水务

2019 年夏天某日，骄阳似火，特别炎热。

上午，我匆匆来到了污水压力管工程建设的施工现场劳动，这个工程关乎后洪村至万石大道沿线群众的污水处理，工期短，任务重。工人们为了赶工期，头顶炎炎烈日，个个口干舌燥，挥汗如雨在施工。

大约十点多钟，从不远处的一户农家里走出一位白发苍苍的老奶奶，只见她手里提着一把水壶，拿着几个纸杯子，颤颤巍巍地来到了我们跟前，操着一口不太流利的普通话说："天热口干，大伙太辛苦了。快歇歇气，过来喝口茶水吧！"她一边说一边就倒满一杯杯的茶水递过来。

大家接过茶水一饮而尽，简直是喝在嘴里甜在心里，纷纷向老奶奶道谢。老奶奶却笑着说："应该的！要说谢，那还得感谢你们呢。污水管道建设好了，最受益的是我们农民呢。"

大家喝完茶，听着老奶奶的一席话，干劲倍添，又投入紧张的施工中。

◎施工工人认真铺设每一条管道

让每一条管线
都完美运行

文 / 吴昊 宜兴北控水务

2019 年验收期间，总能看到一两个巡管员穿梭在乡村、城市中，昼夜不息，守护着污水管线的安全运行，守护着人民群众的青山绿水。

在烈日炎炎、狂风暴雨、寒风刺骨的天气下，他们每天巡线 20 公里，用自己的脚步"丈量"着污水管网的长度，用专业与职责担当起安全守护的重责。每天早晨七点，他们便骑着电动车开始一天的巡线工作，不惜一切保护管线安全，让身边每个人都有保护污水管网的意识，是他们成为管道巡管员最普通的心愿。

在污水管网的巡查过程中，不管风吹日晒，他们都会去巡查每一条管线，每一个井，查问题、找病根，拾起每一处垃圾，及时上报存在的管网运行问题。做好所管辖区内的运维工作，确保每一条污水管网都能正常运行，赢得了辖区内所有群众的支持与赞誉。

如今，以前的脏臭河道一去不复返。走在农村内，我们感受到的是一片河畅、水清、岸绿的美景，有村民感叹："小时候的河流又回来了。"

无论严寒和酷暑，在巡线第一现场的坚守；无论何时，只要出现安全隐患就会第一时间赶赴现场；无论遇到多大困难，他们都要把污水治理的必要性宣传到位；这就是我们身边的污水管道巡管员，他们用责任与担当，共同铸就着宜兴污水管线的防线，用坚守与奉献，不断满足人民群众对优美生态环境的需要。

Success Requires Everyone's Effort
功成不必在我，而在人人

蒋岚岚

在生态环境保护上，一定要树立大局观、长远观、整体观，不能因小失大、顾此失彼、寅吃卯粮、急功近利。通过持续开展农村人居环境整治行动，实现全国行政村环境整治全覆盖，基本解决农村的垃圾、污水、厕所问题，打造美丽乡村，为老百姓留住鸟语花香、田园风光。

曹雷

我们还应该思考，农村污水处理站点与农业产业化、精准扶贫怎样结合起来，不仅帮助政府解决难题，在商业模式上也能探索并形成更多可能空间和更新更广的赛道。

简畅

生态环境的治理，利在当代、功在千秋。能够参与到中国生态环保建设的事业当中来，是非常幸运的，而且自己内心的获得感与集团的整体战略、国家政策要求，我觉得都是非常统一的。

马路桐

对我个人来讲，选择一个行业、选择一个事业，甚至选择一个项目，就要尽可能把它做到最好，给自己一个交付，也是给信任你的人一个交付。

陈德明

我就觉得水从黑臭变得清澈透亮，会让人很兴奋。

张勇

做农村的事情非常有趣，也是非常有价值的，所以虽然过程十分痛苦，但我不后悔。

陈茂福

希望在大家的努力下，对农村环境有更深层次的理解，也希望与其他同志一起，共同推进农村人居环境的改善以及农村服务业的长效发展，使农村的水更清、天更蓝。

史春

首先要敬畏环境，环境决定了人类的命运，你得敬畏它；然后找到解决环境问题的真正道路，人类社会一定还要往前发展，不能简单地说，水脏了就处理水，空气脏了就把工厂关了；最后每个人要从内心里去热爱我们生存的环境，而不是因为法律法规要求才不去污染环境。唯有热爱，才能真心地认为环境保护是一件使命，是每个人应该承担的责任。

徐文姝

农村污水治理，不是一朝一夕的事情，也不是现在投资马上就能见到收益的一件事情，任重而道远。绿色共建，我只是接力棒中的一员，功成不必在我。

同时，身处一个产生于环保，并且要深耕环保，未来还要持续做环保的基金管理公司，我希望自己成为一个有温度、有情怀的基金管理人。

沈敏

我们把污水多收集一吨，河道里就少一吨，环境就更好了。

雲臥浪卷

賜大兩府

心物一元·造化

南宋·马远 水图册（局部）北京故宫博物院藏

Hello! Countryside
你好！乡村

文 / 《知境》编辑组

三纵五横的千米古街，探看九厅十八廊。

什么是真正的美丽乡村，
也许只有真正走进乡村后
才能体会。

看着他洗菜的方式，我一个北方人觉得有些新奇。

在暖黄色的阳光照射下，总有种说不出的静谧。

在她搬走这些菜之前，还给田里的菜浇了一遍水。想必午饭足够鲜香了。

田垄的油绿在秋的到来后尤显滋味，从村民摘菜和洗菜的身影中，仿佛看到了母亲的饭菜在家中等候。沉醉在乡野的生活中，用心去度量身体的宁静与安逸。

我过去的时候,这只猫只是蹲在路沿上晒太阳,我一拍它就开始挠起痒痒。顿觉惊喜。

鹅梗着脖子走的时候还真有些气势,不愧是看家鹅。

我猜这只母鸡定是累了,一身疲态。

这是一只看起来很警觉的狗。

一家好几口,其乐融融。

村里有些道路正在施工，
工人忙碌的身影在落日余
晖中也散发出光芒。

从她的笑容中感受
到老村落的调性下
所有的质朴与舒适
的生活氛围。

她做紫砂壶的时候
还在看剧，技能全
靠手的记忆。

水国蒹葭夜有霜
月寒山色共苍苍

特集 跨界视角

Only by Value Symbiosis can You Become a Long-Term Doctrine

只有做价值共生，你才有可能成为长期主义者

文 / 陈春花

当陈春花老师得知《知境》首刊即将发行，而且是一本关于乡村水环境的生态读本，她表示支持。经过双方团队沟通，决定将老师关于长期主义的最新文章发表在这本MOOK上。陈春花老师说：建立长期主义的价值观，意味着去做有意义的事，意味着明晰的道德标准。我们关注生态与人，老师的学术又何尝不是社会意义上的绿色共建。

陈春花
北京大学王宽诚讲席教授、北京大学国家发展研究院 BiMBA 商学院院长

2019 年美国 181 个顶级公司的 CEO 签署了《公司宗旨宣言》，对企业发展的目的和宗旨做了一次修正，他们认为股东的利益不再是一个公司最重要的目标，公司最重要的任务是创造一个更美好的社会。

在今天，如果要把企业做得很好，遭遇的挑战可能不仅仅来自企业的内部，还有企业跟社会之间的关系。所以他们提出来的这几个目标，涉及和客户、员工、供应伙伴、社区以及股东价值发展的关系。在讨论股东价值的时候，他们会用一个长期价值，以及公司投资的许可和发展、创新的资本。

这是我们今天对于企业整体成长认识的一个彻底调整。按照这样一个发展概念，对于一家企业来讲，基本假设和影响力尤为重要。

基本假设及其影响力

我最早其实是研究企业文化的，在我过去的研究中，文化这条线给了我很大的帮助。

文化是一个非常有意思的东西。我比较喜欢沙因的定义，他说文化其实包含三个层次。

首先是我们看得到的东西，比如说我们摸得到飞鹤的奶粉，我们摸得到康恩贝的产品，我们摸得到金蝶的服务。我们摸得到、看得到的所有东西，包括你的员工，这些是文化表象的部分，我们称之为"人为饰物"。

接下来就到了支撑这些表象的部分，就是你为什么会做出这个奶粉？为什么会做出这样的药物产品？为什么会做出这样的软件产品？这里有一个很重要的东西，就是你的价值观。这个价值观决定了整个企业的战略、经营的目标，以及企业的哲学观。

还有一个东西是我们平时忽略，但是遇到冲突时在底下支撑的部分，我们称之为"基本假设"。也就是潜意识的、视为理所当然的价值与行为的来源。这个实际上是对我们产生最大影响的，原因在于，文化有其终极的力量。

换个角度说，这个假设会让你对什么事情关注，让你怎么去做反应，然后让你在不同的情景中采取什么样的行动。

我为什么会在最近七年花非常大的力气去研究数字技术对企业的影响？因为如果有一个基本假设——企业没有办法脱离环境的变化而发展，你就不得不关心技术。从这个意义上来讲，你自己的这个基本假设决定着你如何做选择，这就是它的好处。

换个角度说，人类心灵有认知稳定性的需求。

比如，这次中国管理模式杰出奖遴选的过程中，之所以有这么多学者和企业家参与，是因为我们有一组相同假设的人。我们的假设认为，中国的管理模式一定能为世界贡献中国的方案，所以我们就能一直坚持着去做。我们愿意跟一些人在一起的原因也是这样，比如你看到老乡、听到乡音就会流泪，这也是因为我们有一种基本假设。

这就是人类认知的稳定性要求，今天很多的波动、很多的动荡之所以出现，也是因为这个基本假设，它会组合在一起。

"长期主义"的经营基本假设具有强大支撑力

我在年初给 2019 年度关键词的时候，给的也是长期主义。我们为什么要讨论长期主义？因为这个经营假设在今天更凸显出它的作用。

德鲁克很早就告诉大家，任何一个企业如果想把自己做得很好，它必须要有一些经营理论。而这个经营理论的基础构成，就是三个最重要的假设。

第一，组织环境的假设。今天我们怎么看全球化？怎么看中美关系？怎么看数字技术？怎么看产业的颠覆、迭代和更新？怎么看消费人群的改变？怎么看陆续成为世界主流的90后、00后？这实际就是你要去了解你跟环境之间的关系，要有一个基本假设。

第二，组织特殊使命的假设。你能不能明确自己的使命？如果不能明确自己的组织特殊使命，你其实是没有办法去做经营的。

第三，完成组织使命所需的核心能力的假设。你完成这个使命，你就有了核心能力的假设。

从这个角度去看，很多优秀的企业基本都解决了这个问题。哈佛的两个教授发现文化跟长期业绩之间有非常明显的关系。而我在过去30年研究中国领先企业的时候，得出的结论也是一样，企业文化和长期业绩有很明确的关系。这些领先的企业在假设上真的是非常清楚的。

比如，苹果的产品为什么一直能打动我？原因就在它自己的基本假设中，它认为设计是人类创造物的根本灵魂，而这个灵魂最终通过产品或服务的外在连续表现出来。

微软在今天不仅仅恢复了它的经营增长，而且成为全球超过万亿美元市值的三家公司之一。其中很重要的原因就是它的假设很明确：技术是全民化、个性化和同理心的。这其实就可以给

全球每一个人、每一个组织成就不凡，所以它的基本假设叫"云惠天下"。

丰田作为一家亚洲的汽车公司，能够在欧美整个汽车行业具有强大力量的时候，成为世界第一。原因是它很明确它的假设——好产品、好主意、彻底节俭。

在诺基亚、摩托罗拉推动的全球市场份额中，三星依然能够超越它们成为第一，也源于它很清晰地确定它的基本假设，质量第一、技术第一、理念第一。

我们再看中国今天能够走到世界领先位置的四个企业，它们都是在全球行业进入前三名，或者在市值上进入世界前十的企业。

华为的基本假设：以客户为中心，以奋斗者为本。把数字世界带入每个人、每个家庭、每个组织，构建万物互联的智能世界。

我从 2018 年开始陪同腾讯更新它的企业使命。双十一的时候，腾讯正式公布新的企业文化 3.0 版本，加了一句"科技向善"。

新希望六和现在在农牧行业、饲料领域全球排第二，我也陪同非常久。它的概念叫"为耕者谋利，为食者造福"。

当中国的企业走向世界领先位置的时候，你会发现它们有一个共同的特征，在底层假设上是具有强支撑能力的。不仅仅是价值观，不仅仅是产品服务，一定是有一个底层的逻辑埋在底下，从而支撑它们走向世界。这就是在经营上定义长期主义作为基本假设的根本原因。

当你确定长期主义的时候，你一定要记住，其实就是要回答三个根本性的问题：第一，企业跟环境一定是一种共生关系；第二，你一定要有能力去认知这个世界；第三，组织的使命必须是向善的，而且这个向善的力量能够让组织获得真正能量的来源。只要你理解你跟环境、世界的关系，理解自己内在的驱动力量，

我相信你是可以去做长期发展的。

成为长期主义者要做价值共生

只有做价值共生，你才有可能成为一个长期主义者。

有很多企业正在很努力地做价值共生，比如华为有一个数字行动计划，它花了十年时间帮助108 个国家 3 万多名学生提升数字技能，让年轻人拥有进入这个世界领域的能力，即连接、应用和技术本身的能力。这个数字行动计划让华为在今天哪怕面临一个强大的国家对它发起挑战，它依然可以保持增长。

我们都知道数字虚拟经济对实体经济冲击非常大，但是这家被称为社区店的零售公司7-Eleven 没有受到太大的冲击，原因就是它去建了一个命运共同体。7-Eleven 在日本开了近2 万家连锁店，直营店只有 501家，但是它能服务的这些人群，以及共同工作的人群，要比我们想象的大得多。

新希望六和服务了 15 万养殖户，2 亿的用户，20 个国家，这个数据还在持续地更新中。

而在向互联网转型的传统制造业中，海尔被全球公认最有可能走出一条路。它所做的一个共生模式，叫员工价值跟用户价值完全共生的人单合一模式，也给了我们巨大的帮助。

回到中国模式的实践当中，我们必须回答该如何做价值共生。

我认为，我们至少有三件事情要做出努力。

确立"共生战略"

在数字时代，战略最大的一个调整是从竞争逻辑转向共生逻辑。在工业时代，我们需要满足顾客需求，所以一定是竞争关系。因为我们要有比较优势，因此会有输赢的概念。

但是到了数字时代，我们需要创造顾客需求，实现顾客价值。因此我们必须跟更多人合作和共生，这个生长空间才会被创造出来。所以，你必须重新定义你的战略空间。

我们传统的逻辑，战略的三个问题就是想做什么、可做什么、能做什么。

"想做什么"在传统逻辑当中就是你的梦想、使命；"能做什么"看你拥有什么资源和能力；"可做什么"看你在哪个行业，比如我们做奶粉，做医药还是做软件，这是我们的产业条件。

但是当我们转向共生逻辑的时候，"想做什么"你可以重新定义，"能做什么"看你跟谁连接，"可做什么"可以跨界。这是一个根本性的调整，这种调整就使得我们要改变战略当中的逻辑。

今天的腾讯不再是一家游戏公司和社交公司，它是一家传媒公司，是一家数据公司，是一家支付公司，甚至是一个可以跟所有传统产业去做广泛连接的公司，所以它把自己的定位叫产业价值的互联网。腾讯成为市值全球前十的公司，不是因为它是游戏公司带来的盈利和规模，而是因为它能服务更多的产业，它能去做更广泛的连接和共生。

金蝶在数字化转型当中能够脱颖而出，能够面向一个全新的云技术和数字技术，更大的原因在于，它能够真正确立共生的战略，去用新技术赋能新商业，使得企业成长，具备更大的意义。当我们不断做这些努力的时候，你就会看到，这些根本性的调整和变化，会让企业的空间被释放出来。

打造"共生型组织"

今天企业发展最重要的价值实现的路径，就是要走共生型的组织。因为单体组织很难创造价值，你必须跟更多跨领域的价值网络组合，让自己有连接、共享、创新的价值，才可以为顾客创造价值。

腾讯最近开始做医疗，它的方法是跟很多医生去做共生。它形成一个共生型组织的脉络，AI读片的智能系统辅助医生显著提高读片的准确率。当腾讯跟医生去做这么好的辅助概念的时候、共生的时候，我们才能提供更好的服务，共同创造更大的顾客价值。

阿里巴巴能在刚过去的双十一继续创造出一个巨量数字，原因是它愿意跟所有厂家、消费人群、物流商、采购和供应商去做共生。当这种共生组织达成的时候，我们就会看到一个巨量的销售奇迹再次被创造。

所以我们在讨论共生概念的时候，就看你愿不愿意去做协同。共生的概念其实是一个价值的共生。重新确定你的边界，做到组织内、组织外的协同，建立基于契约的信任，形成协同的价值取向，最后得到有效的协同和管理行为。你只有愿意做这些，才可以打造共生型组织。

确立长期主义的价值观

巨变的环境带来很多挑战和诱惑，越是在动荡的时候，我们越要坚守企业的基本假设符合长期发展利益，保有长期主义的价值观，因为只有长期主义的价值观才可以让我们超越变化。

2008年金融危机前后，我在《成为价值型企业》这本书里提出一个观点：改革开放30周年，中国企业如果想持续拥有下一个30年，一定要建立长期主义的价值观。真正能够超越变化的不是机会主义者，而是爱、信任与承诺，并让生活变得更好的长期主义者。我们只有坚守真正的长期主义这种普适的价值，才可以迎接这些动荡。

当我们明确这个概念的时候，就能产生内在的定力让自己稳定下来。这个定力就是我去年说的概念，叫"内求定力、外联生长"。有了内在的定力，你就可以去做认知和判断，而不受外部的干扰。

过去30年，我不断地研究领先企业能够成为全球最有影响力公司的原因。大家公认的原因包括：有远见、有野心、有决心、有执着、有活力、有创新。但我认为更重要的是，它们之所以对全世界有影响，是因为它们真正影响着我们的生活，真正影响着这个世界，甚至人类的未来，这是它们成为全球最有影响力公司的根本原因。

爱因斯坦说："我每天上百次地提醒自己，我的精神生活和物质生活都依靠别人的劳动，我必须尽力以同样的分量来报偿我所领受的和至今还在领受的东西。"我想这也是企业长期发展基本假设的一个支撑的选择。预祝大家越来越好！

2019年11月16日，陈春花教授在第九届"中国管理·全球论坛"暨第十二届中国管理模式杰出奖颁奖盛典上，做了题为"长期主义与价值共生"的主题演讲，分享自己在过去若干年基于该主题持续研究的心得。

Poetic Yearning Between Mountains and Rivers
山水之间的诗意向往

文/《知境》编辑组 受访/圃生

圃生的画很小，但很丰富，国画原本不以尺寸的大小来衡量。

圃生的画，很干净，他用质朴的笔触，悠悠地表述着胸中的丘壑。

青青的山峦，绿绿的梯田、溪水、树木、村庄、田舍，朴素地，自在地，随心所欲地营造着一个灵魂的栖息地，弥合自我与自然，联结自我与宇宙。

◎图/圃生

圃生细心经营他的画面，一如经营他的生活，《知境》编辑在采访过程中不时地感受到，他的温润、文雅、质朴，时时轻抚人心，让人不禁思索，也许这样的心境本身就是一种环保吧。

用最干净的白

在月光里画小画

让那些皎洁的人儿

看见自己的模样

◎图 / 圃生

知境：古人对山水的体悟是怎样一种境界？

圃生： 因为我不能代表他们去理解，我只能说我自己的想法，我觉得在每个时代人们对山水的理解也不太一样，就像我比较喜欢的宋代、元代、明代这些大家，很多都是文人际遇不太好，然后去到山里寄情山水，毕竟在传统的观念里面，画画不是一个特别主流的道路。

还有我比较喜欢的王维，写诗画画都好，也是用山水、用书画来描绘心里面的理想或者是寄托。

知境：水在你的艺术创作中占有怎样的地位？

圃生： 我觉得有一些水的话会让画面更活一些，更有生气。

知境：谈谈你对道法自然的思考？

圃生： 我所理解的道法自然，就是向自然学习，到外面多看看真山真水，然后体验各地的自然风景。有些画面，画家的技法，我觉得跟我以前的体验差别很大，但是说不定偶尔有一天你突然到一个地方发现，这里的自然条件跟画里面一模一样，是自己的见识不够。

我们画画既要跟古人学习技法，也要跟大自然学习它的胸襟跟气魄。

我不是特别会表达，以大自然为师，大概是这样的意思。

知境：你倡导的环保观念是什么？

圃生： 我平时多用布袋，有时候日常生活中塑料什么的也没办法避免，就尽量少用一点。然后能坐公交就坐公交，能坐地铁就坐地铁。

我的环保都是些简单的东西，身体力行，也没有做出多么大的贡献，就自己尽量少用点，少要点，少制造点污染。

知境：你眼中的乡村之美？

圃生： 我相对期望乡村更自然一些，因为现在有钱了大家都喜欢盖高楼，越来越多的现代建筑，当然这也是个好事情，但我个人更倾向于还像我们小时候那种，跟周边环境很搭，用原始的材料来盖的房子。

跟自然协调，要更美，我觉得。

◎图 / 圃生

特集 跨界视角

The Immaterial Culture in the Land
土地里长出的非物质文化

文 /《知境》编辑组 受访 / 解振辉

身为永丰农民画家代表人物、中国非物质文化遗产永丰农民画传承人，解振辉从小喜欢绘画，19 岁开始迷恋农民画创作，至今已坚持了近 40 年。改革开放初期，农民画创作难以养家糊口，可有时解振辉灵感来了，便顾不上农事，夜以继日地创作，哪怕耽误了农活也不愿放弃画画。

几十年来，他绘制创作了大量的优秀作品，曾有作品入选中国艺术节农民画精品展、上海世博会农民画展和奥运会民间作品展，2019 年 3 ~ 7 月在首都博物馆，参与"望郡吉安"展览。

其画风淳朴，人物造型夸张，多运用抽象、夸张的手法；常以大色块构成画面主体，色彩艳丽饱满，乡土气息浓郁。

文化都是有根系的，是土壤里生长出来的。了解到永丰农民画家代表人物解振辉 40 年的坚持和经历，《知境》编辑与解老师进行了一次访谈，收获良多。我们关注环境，也关注人，更想探寻环境背后文化的基因。

知境：你的创作灵感来自哪里？

解振辉：我们农民画的创造灵感都是来源于生活本身，大部分的创作者都是农民，大家对生产生活都有情感，比如民间节日、劳动的场景、日常生活中的故事等，这些我们都很熟悉，灵感就是来自生活的。

知境：作为艺术家，应该怎样修炼自己？

解振辉：从我本人来说，我认为艺术家首先要有一个纯洁美好的初心和小孩子的心灵，心灵永远是年轻的。
还要有远大的胸怀、长远的眼光和超越的想象思维。
要有经历。我给当地学校和老年大学上课的时候，都会跟他们经常提到这两个字。

然后辛勤地付出，这样不断去修炼自己。

知境：在你心目中，最理想的乡村生活是什么样的？

解振辉：一个村庄，首先要通水泥路；
然后要做好供水、排污设施；
还要有路灯照明；
第四嘛，绿化环境，也很重要；
有健身娱乐的活动场所，这是肯定少不了的；
还有第六点，我觉得要有公益食堂和

◎图 / 解振辉

◎图 / 解振辉

医疗所。因为现在好多留守儿童，包括老年人，都待在家里，儿女都在好远的地方工作，如果推出了公益食堂，老年人就不用自己做饭，可以直接到食堂里面，一日三餐都能吃上热乎乎的饭菜了。

再加上我们自己种点粮食蔬菜、养些鸡鸭。

这样的生活，多么的幸福。

知境：你觉得什么样的生活方式是环保的？

解振辉： 原先老房子规划方面都不健全，之前我们农村烧柴火，还有到处养的猪啊、鸡鸭这些，都会对环境有污染。

环境保护是人类的生存之本，也是提高公民生活质量的基础。现在搞新农村建设，有些基础设施都是必须要做好的。

知境：如何通过农民画带动当地经济发展？

解振辉： 我看光靠创作画那是远远不够的，还得迎合市场经济的需求。我想把我们手中的画去再

生，做一些旅游小商品、衍生画、日常生活用品，都用农民画的元素去做。

也可以做产业园。我们打算在潭城乡做一个农民画产业园，其他的一些比如根雕、石雕都拉进来，旁边有一个大的水库，还有一片好大的果园，这样三点一线，人家来观光，可以去看看作品，也可以到水库那边玩，回家的时候，再到果园去采摘一些鲜果，带给家里。

如果咱们有一个这样的旅游项目，就能带动着周边的农民去开展一些农产品、水产、家禽之类的养殖，肯定能带动周边的经济。

No Understanding or Respecting to Local Characteristics, No Perfect Rural Tourism Operation

没有对乡土性的理解和尊重，就没有好的乡村文旅运营

文 /《知境》编辑组 受访 / 李霞

李 霞

大地风景文旅集团 副总经理
北京大地乡居旅游发展有限公司 总经理

每一个乡村都与众不同。

很多年前，我们把乡村旅游体验简单地描述为"农家乐"，又在近来将它升级为"民宿"，但是，如果把乡村当作旅游的对象而不仅仅是背景来考量，乡村文旅体验的核心应该是这片乡土独一无二的自然、文化和产业，以及无法替代的新乡土生活体验。

本期《知境》采访了根植旅游乡建运营细分领域的大地乡居总经理李霞博士，一起探讨文旅运营能给乡村带来哪些空间和新的思考。

知境： 乡村文旅运营包括什么样的内涵？
李霞： 乡村文旅运营的指向并不仅是给游客一个品质更好的乡村酒店或乡村民宿，而是在乡村里建设一些集中的或分散的载体，为游客呈现一个美好的乡村目的地，一种打动人心的乡土情怀和生活方式。

知境： 文旅运营能给乡村价值带来哪些升华？
李霞：

乡村内部丰富体验

将适于引入乡村文旅空间现场的乡村资源整合成为文旅体验产品，如本土手作、民间说唱、特色美食等。与当地的能工巧匠签约，把他们的手艺包装成各类课程活动，进行收入分成，形成紧密的共同发展关系。

乡村周边深度探访
联动在乡村周边一定车程范围内的原真体验点，包括工坊、农园、表演场所等，带领游客进行深度的探访和体验。

城乡社群关系管理
对当地匠人、游客和链接城乡渠道的对接人进行日常的社群互动，形成一种持续的城乡情感联系。

◎鹤影里·世界遗产地的丹顶鹤主题乡居

知境：乡村文旅运营的目标是什么？

李霞： 建立城市和乡村的双向流通渠道，让适合乡村的产业人口回流乡村，让热爱乡村的度假人口回流乡村。

激活乡村的低价值资源，如农宅、农田、农产品和非遗手艺等，让乡村成为具有高效能的产业空间。

新乡民的加入，老乡民的改变，以及新老乡民在共同发展过程中缔结起一个新乡土生活共同体，将是乡村文旅运营在产业运营之上的高阶目标。

◎龙船调·武陵民族文化 IP 活化利用标杆

特集　跨界视角

Look at Her, Smiling and Applauding

看她，微笑着鼓掌

汇编／《知境》编辑组

李子柒，一个拥有超过 2000 万粉丝的网红，她的视频很简单，大多在田园风光的背景中，配上一曲慢悠悠的中国风音乐，从春到冬穿着款式不同的古风裙袄，在田间，在后院，在老屋里，在灶台前……起居劳作，3 年收获了 30 亿播放量。

从她的视频中，我们看到了与繁忙都市截然相反的生活环境：一个种着各种蔬菜水果的院子，家附近有竹子可以砍，有山泉可以喝，有田可以种，有家禽可以养。

图片及资料来源李子柒新浪微博

有人说她"造"了一个文青想象中的田园生活。她回应："不敢说我造了谁想象中的生活，我只是拍摄出自己的理想生活。"

她会做窝窝头，会做鲜肉月饼，会做果香覆盆子酒，还会做酱油，自给自足，丰衣足食。

除了美食，李子柒还会编草垫、砍柴、打田，用原木、青竹和老物改造洗漱台，用竹子做沙发。

尤其让人感动的是，她的视频里通常包含了四季——春天的万物复苏、夏天的雨水、秋天的枯叶、冬天的雪花，而这也正是农作物成长的周期。

比如拍姜，她会从种下姜种开始拍摄，再到发芽、收获，历经秋、冬漫长的季节；拍酱油酿造也是从播种黄豆开始；给奶奶做过冬棉被，则是从养蚕开始……

李子柒像一个造物者，用伤痕累累的双手、娴熟的农活动作以及各种生活技巧，创造出了许多新的物品。

与此同时，李子柒在海外人气激增。

李子柒像下凡的仙女一样在紫色绣球花圃中央旋舞时候，穿了一条自己用葡萄皮手工染色的连衣裙，她向国内外网友展示的是中国传统的植物染色技艺。

她的"一颗黄豆到一滴酱油——传统手工酿造酱油"视频，在 YouTube 上播放达 300 多万次。还有视频是关于千层底布鞋和非遗蜀绣的。

甚至自制宣纸赠送给马来西亚的朋友。

从李子柒在全世界引爆的热潮可以看到，被城市所困的人们向往她这样的生活。

木工、竹编、打铁等传统手工业，对于城市人群而言，是别有意趣的体验。除了古法造纸和活字印刷，与纸的艺术相关的还有各地的版画、剪纸和农民画，这些都是富有浓烈乡土文化风格的 IP 内容。

这种生活无法变成绝大多数人的真实生活。但是，这种生活之美，正是许多城里人去乡村旅游时候，特别想得到的体验。

The Practice of Making a Book of Mook

做一本 MOOK 的修炼

文 / 《知境》编辑组

为什么做《知境》？你对"专注且有趣"的解释？

面对碎片化时代，我们决定做好一本属于环境界的"MOOK"，用自然语言记录环境人的认知、实践和深思，在做到信息量充沛的同时，将源生力、策划力、内容力、设计力融通，从而通过更加"专注且有趣"的方式，阐释出生态环境理念新模式、新业态。

专注，主要体现在我们对 MOOK 的精心策划、深度钻研、多面印证和密集采访力上，而有趣，则是我们一以贯之地用通俗朴实的语言，解码专业行业术语，让环境文化深入更多人心。希望环境文化像水一样，自然而然地流淌，希望自然与文化一起，生生不息。

谈谈《知境》团队对环境文化的理解？环境文化事业能给行业带来什么？

环境文化是一种进程，这种进程可以理解为从人类初期的敬畏、膜拜自然界，到天人合一思想的形成，再到 20 世纪，由于对自然资源掠夺式的征服和开发，打破了生态系统的自我平衡，造成人与自然关系的恶化，之后人们开始进行环境伦理层面的反思，并努力形成一种新的价值观、生产观和消费观的一系列动态发展过程。

环境文化事业的出发点不止要给行业带来什么，更是希望在我们社会上传播正向意识，鼓励和号召大家树立长远观点，克服短视行为，要有给子孙后代留下一个良好环境空间的意识。

将"水环境"与"乡村美好场景"放在一起，必然是？

"明月别枝惊鹊，清风半夜鸣蝉；稻花香里说丰年，听取蛙声一片。"正如此诗句中描述，在月明风清的夏夜，满目丰收场景，耳边传来虫鸣、蛙噪，是山野乡村特有的情趣，也是忘怀于大自然所得到的快乐。

晴时，搬一小竹椅，栖于树荫之下，感受偶尔蹿过的微风，与窝在脚下眯着眼的小黄狗看晴空万里；

雨时，或轻云小雨，微风徐徐吹拂，清幽悠然；或倾盆大雨，狂风呼呼大作，家中饮茶。

不论是什么场景，都是与大自然融为一体，直接感受自然，有别于城市的喧嚣和人们的匆匆脚步。

哪些经验是之前没有，而现在增长了或者体会更深了？

首先对农村污水有了更深入的了解，我们很多生活洗涤用品会对大自然造成污染，比如洗发水、沐浴液、洗衣粉等，而且这些污染一旦排入河道，需要几十倍甚至几百倍的纯净水去稀释才能达到鱼虾生活的标准要求；

其次对于农村污水治理的投建难度有了更深的体会，农村污水治理不同于城镇，有着量小、分散、波动大、具有时节性等更复杂和多变的特点，因此农村污水治理建设更需要因地制宜、科学设计、因地施工，而不能仅仅照本宣科，或用红线圈死。

本期《知境》创作过程中最让你感动的一件事？

在创作过程中，感动的事情有很多。每个人似乎都对做农村污水治理这件事有着一股莫名的热忱。虽然嘴上都说着受政策号召的影响，但是心里却都对农村有一种信念感。这种信念感支撑他们在农污治理这条未知的路上摸索，支撑他们与村民几十年的习惯抗争。但，即便如此，当他们看到修建好的村庄后，都会自然而然地舒展开因回忆而皱起的眉头，仿佛在看着自己精心雕琢的作品，眼里满是骄傲。

确实如此，我们在去乡村采景的过程中，也享受到了他们的"作品"。譬如，轻雾缭绕水如镜般的水库、屋舍高低起伏隐藏在满山景色之中的错落、竹林深处的幽静秀美……听到鸡鸣狗吠声，看到猫狗相偎在一起晒太阳，收到来自当地热情村民递过来的一个橘子，顿觉这就是乡村最好的模样。

另一种生活

Another Life Style

王洪臣

随着社会的发展，真正沿着生态文明建设之路走下去才是正确的。把先进生产力引到农村去，土地生长出来的食物要安全，住的环境要鸟语花香，这是未来农村的自然景象。

杭世珺

首先，生态环境要好。路面该硬化的硬化，不该硬化的就不硬化；河道恢复到自然生态，可以不用过多地追求澄清。早上起来能听见鸟叫，到河边散步能看到鱼儿在绿水中游。吃的都是新鲜的蔬菜。然后，交通等基础设施便利。农村不是专门给城里人度假、享受的，农村也有农村的生活。

操家顺

农村的宜居环境首先让老百姓安居乐业，不增加其过多负担，另外结合农村特点不要把过多的城市因素加进去，让农村能够保持自己的一种生态平衡，循环再利用。

徐开钦

衷心希望我国的生态环境保护事业不断发展，水环境质量不断改善，回归绿水青山的本来面貌。

董战峰

首先要有农村记忆性的东西，如祠堂等。能留得住乡愁，应该是生长在这里的人最关心的事情。

其次是有良好的生态环境，譬如卫生、健康的饮用水，有鱼、有水草的河流，清洁的空气，不含农业化肥的健康土壤……人与动物其乐融融，人与自然和谐共处。

张树人

我记得三毛《万水千山走遍》有段文字，『谁喜欢做一个永远漂泊的旅人呢？如果手里有一天捏着属于自己的泥土，看见青禾在晴空下微风里缓缓生长，算计着一年的收获，那份踏实的心情，对我，便是余生最好的答案了』。如今投身乡村环境事业的你我，又何尝不是手握『泥土』，心向『归途』。

何强

借用七律·『最美宜居乡村』达州灵感村的几句诗句表达我心中理想的宜居乡村：

灵感村前灵感至，桃源风景叹神奇。

云盘霞绕山如画，莲绽蛙鸣水似诗。

办厂香飘藏酒劲，开塘鱼跃映晨曦。

梅妆别墅农家乐，城里游人返驾迟。

污水、垃圾得以处理处置并实现资源化利用，村容村貌得到显著改善，民俗文化得以发扬，水清、路净、景美、酒香、鱼肥、游人醉，这大抵就是我心中理想的宜居乡村。

杨小全

美丽乡村应该是什么样的？首先它应该看上去是干净的，而且基础设施基本到位。在此基础上再去升级。美丽乡村应该有它的特色，而不是千篇一律。如果可以，最好能以农村合作社的形式走上农业工业化的道路。我觉得未来它应该是这样。

张宝林

美丽乡村不仅仅是环境问题，还有文化传承问题，带有地方色彩的文化要保护。农业现代化达到一定程度，人们会更希望回到这样的村落去感受不同生活气息。

李艾

习总书记曾说：『建设好生态宜居的美丽乡村，让广大农民在乡村振兴中有更多获得感、幸福感。』人民美好幸福生活，是北控水务深耕环保，践行社会责任的最终目标。

陈德明

原来说要想富先修路，现在应该说要想振兴农村，一定让农村变得更美好、更宜居。

张雪妍

对于美丽乡村我的理解是，不止村子的环境非常好，有水清岸绿的效果，还要能够把我们北控水务的理念给传播出去，让大家形成一种共同保护环境的意识，达到社会效应。

黎学军

建设美丽乡村，要通过系统思维、创新的模式，首先解决农村人居生态环境的治理，老百姓享受到干净整洁的村庄环境才有幸福感。之后，循序渐进地让乡村提供更好的绿色产品和服务。只有将乡村生态优势转化为发展生态经济的优势，实现生态和经济的良性循环，美丽乡村的理想环境，这才能够实现。

马韵桐

江南水乡的农村还是挺美的，家家户户门前都有水，如果将来的水很干净，小朋友就可以在里面玩了，下河去捞鱼、捉虾。

杨永兴

宜居必然要有生态支撑，但仅有这种条件，就是宜居吗？当然不是。还要有能为农村正常生活提供便利条件和保障的基础设施。所以，生态宜居是乡村生态和乡村宜居的有机统一。

周敏宏

首先生态环境好，青山绿水，垃圾分类处理好。其次，宜居乡村要有当地特色，挖掘文化历史的深厚底蕴，发展特色村镇旅游业，发展特色村产业，在宜居之上，走宜业的路线。环境是让别人愿意来，特色是让人留得住。

郑展望

我觉得农村宜居环境的方向是农村景区化。农村人可以在村里开民宿，也可以去城里打工，城里人也到农村去体验度假式的休闲生活。

未来的农村真正建好之后，应该会成为城市的大花园、后花园。

易中涛

四季分明，春有花、夏有果，有山有水有人家，任何一个宜居的地方必须要有人，人太多也不好，没人也不行，会寂寞的。所以宜兴就是一个非常宜居的地方。

刘小梅

我理想中的宜居环境应该是一种既拥有田园式风景，又具有城市便捷化的基础设施。

用村镇设施将农村环境保护起来，避免像城市在发展过程中造成的环境问题。

这应该是一种最佳的状况。

崔志文

我理想中的乡村宜居环境就像陶渊明诗里描述的：『采菊东篱下，悠然见南山。山气日夕佳，飞鸟相与还。』

王琦峰

要有原生的田园风光、原真的乡土人情、原味的历史质感，呈现的是一幅『田园美、村庄美、生活美』的诗情画卷。

金鹏

我希望乡村里面流淌着的水还能像我小时候那样，水清水美，还是活的，就像朱熹写的那样：『半亩方塘一鉴开，天光云影共徘徊。问渠那得清如许？为有源头活水来。』

毛海军

现在我们对农村的展望，首先是要恢复到宜居时，青山绿水，适合老百姓居住。要有屋舍俨然，良田美池的感觉。

我们小的时候，农村都很美，小溪里的水也很干净。

「农污之路」

一部关于
农村水环境治理的
纪录片

庚子初春
疫情尚未褪去
春日的鸟鸣
干净的水源
依然让人心生欢喜
谨以此片，记录为中国乡村环境的美好，
付出『时间与爱』的人

观看请扫码

联合出品

《知境》推荐

"人类正在被自己热爱的事物毁灭"，本书作者、海洋生物学家蕾切尔·卡森曾对我们做出过这样的警示。

在这本出版于1962年的书中，卡森采用大量事实证据，让人类社会在高歌猛进时警醒：如果肆意破坏环境，人类也会自食其果。

时至今日，它仍然被认为是环境保护主义的奠基石，开启了环保事业的进程。

对于自然，要常怀敬畏之心，才能走得更远。

今天我们翻阅这本书，仍能感受其中指向未来的深广期望。

这是一本讲述"中国历史文化的转折与开展"之书。

许倬云先生认为，中国文化的特点，不是以其优秀的文明去启发与同化四邻，真正引以为荣处，应是它的容纳之量与消化之功。

2020年春天，面对许知远的访谈，许倬云先生再次讲到历史与文化的长流，"最短的是人，比人稍微长一点是政治，比政治稍微长一点是经济，比经济稍微长一点的是社会，更长的是文化，然后是人类文化，最长的是自然"。

受教育，阅读，就是为了养成远见的能力，超越你未见。

读一读清末民初学者的书，对于重新认识传统文化非常有好处。他们旧学底子扎实，对传统中国理解透彻；兼之很多学者出去看了世界，心灵上受到中西差异之震撼，因此这批学者对中西文化比较分析是令人信服的。

《中国文化要义》（1949年）从集体生活的角度对比了中国人和西方人不同的文化传统和生活方式，进而提出了中国社会是伦理本位社会的重要论断，并提出中国社会改造的出路。此外，书中还批判了中国文化的病诟，也揭示了中国民族精神的要旨。

《乡村建设理论》（1937年）是梁漱溟先生社会政治思想的代表作。从开始酝酿到成书，经历16年之久。书中除了梁漱溟先生特有的文化哲学思想被具体应用于中国社会研究外，它以乡村建设实践为基础，充分地总结和提炼了有关中国社会改造与乡村教育的基本原则，许多论述富有真知灼见，揭示了中国乡村社会与传统文化的内在联系，为当时从事教育改革和社会改造的人们提供了认识与解决中国问题的新思想、新方法。